Muddasir Basheer
O. P. Agrawal

Vermicompostagem de resíduos de papel e o efeito dos aditivos

Muddasir Basheer
O. P. Agrawal

Vermicompostagem de resíduos de papel e o efeito dos aditivos

ScienciaScripts

Imprint
Any brand names and product names mentioned in this book are subject to trademark, brand or patent protection and are trademarks or registered trademarks of their respective holders. The use of brand names, product names, common names, trade names, product descriptions etc. even without a particular marking in this work is in no way to be construed to mean that such names may be regarded as unrestricted in respect of trademark and brand protection legislation and could thus be used by anyone.

Cover image: www.ingimage.com

This book is a translation from the original published under ISBN 978-3-659-83430-1.

Publisher:
Sciencia Scripts
is a trademark of
Dodo Books Indian Ocean Ltd. and OmniScriptum S.R.L publishing group

120 High Road, East Finchley, London, N2 9ED, United Kingdom
Str. Armeneasca 28/1, office 1, Chisinau MD-2012, Republic of Moldova, Europe
Printed at: see last page
ISBN: 978-620-8-19078-1

Capítulo 1 Introdução

Os vermífugos são principalmente anelídeos que são benéficos para os seres humanos e o seu ambiente. As minhocas são importantes vermiresources com um corpo simples, cilíndrico, celomado e segmentado, caracterizado pela presença de cerdas. São um componente importante do biota do solo e, juntamente com um grande número de outros organismos, formam a comunidade do solo. Sabe-se que habitam o solo desde o Pré-Cambriano, há cerca de 600 milhões de anos, e são testemunhas silenciosas da evolução de plantas e animais que passaram por vários marcos e descalabros do paradoxo evolutivo. A estrutura básica das minhocas não se alterou significativamente ao longo de milhões de anos, nem houve grande variação entre as espécies.

As minhocas têm um potencial dinâmico e contribuem de forma extraordinária para manter o equilíbrio de nutrientes no solo através da reciclagem de resíduos orgânicos. São também utilizadas como fonte de alimentação animal rica em proteínas, uma vez que contêm 70-80% de proteínas na matéria seca. Os

As minhocas são altamente resistentes a muitos pesticidas e metais pesados. São capazes de acumular pesticidas e metais pesados nos seus tecidos e de os converter em substâncias não tóxicas. Como as minhocas são capazes de absorver uma série de substâncias químicas indesejadas nos seus tecidos, podem ser utilizadas como indicadores de poluição ambiental. As minhocas também desempenham um papel importante na gestão e recuperação de ecossistemas de solos degradados. Ao introduzir minhocas em solos degradados, o solo empobrecido é enriquecido com nutrientes.

As minhocas não são apenas produtoras de composto, produtoras de proteínas, melhoradoras do solo e ambientalistas, mas também são conhecidas por terem sido utilizadas desde a antiguidade como medicamentos para curar várias doenças humanas.

As minhocas são criaturas únicas no reino animal. Pertencem ao filo Annelida e à ordem Oligochaeta. São bissexuais ou hermafroditas. Vivem normalmente em tocas ou túneis no solo e alimentam-se de solo misturado com matéria orgânica morta e em decomposição, razão pela qual são também conhecidas como minhocas. As minhocas têm um corpo macio, alongado, cilíndrico e semelhante a uma minhoca, com segmentos metaméricos, ou seja, todo o corpo está dividido uniformemente em segmentos de aspeto semelhante e em forma de anel. Alguns segmentos (3-6) são espessados para formar uma estrutura adicional em forma de anel, conhecida como clitelo. Não possuem apêndices verdadeiros nem órgãos sensoriais especializados. Possuem cerdas em forma de gancho que os ajudam a deslocar-se.

Existem cerca de 3000 espécies de minhocas distribuídas por todo o mundo e cerca de 384 espécies são conhecidas na Índia (Julka, 1986). No entanto, de acordo com Aranda *et al.* (1999), existem cerca de 6.500 espécies de minhocas descritas em todo o mundo, das quais apenas algumas são adequadas para cultivo em resíduos orgânicos à escala comercial. Existe uma grande diversidade em termos de tamanho, pigmentação, dieta, hábitos, habitat, estilo de vida, potencial reprodutivo, tempo de vida e outros parâmetros biológicos entre as diferentes espécies de minhocas.

Minhocas. A minhoca mais pequena (*Bimastos* spp.) tem apenas cerca de 20 mm de comprimento, e a maior minhoca da África do Sul mede 22 pés do nariz à cauda. A minhoca australiana de Gippsland cresce até 12 pés de comprimento e pode pesar 1 a 1,5 libras. As minhocas gigantes da cidade de Baguio, nos EUA, conhecidas localmente como "Kolang", são consideradas uma praga porque destroem os terraços de arroz ao escavarem o solo.

As minhocas são vermes terrestres que estão bem adaptados a um estilo de vida de escavação. Dependem do solo para todas as suas actividades, razão pela qual são também conhecidas como geobiontes. Para se protegerem dos predadores e da desidratação, a maioria das espécies prefere viver em tocas e procurar alimento durante a noite (minhocas nocturnas). As minhocas também são conhecidas como minhocas da terra porque aparecem em grande número quando chove, como minhocas do estrume porque algumas espécies se desenvolvem bem em estrume e pilhas de composto, como minhocas-anjo porque aparecem subitamente como anjos após alguns dias de chuva, ou como minhocas-peixe porque são principalmente utilizadas como isco e alimento para peixes. As minhocas desempenham um papel eco-funcional importante no ecossistema do solo, uma vez que influenciam as propriedades físicas, químicas e biológicas do solo. São o principal componente da comunidade de organismos biodegradadores. Melhoram a circulação do ar e da água no solo, revolvem o solo para cima e para baixo e, em conjunto com microrganismos (bactérias), convertem os resíduos orgânicos em biocomposto. Além disso, libertam factores que favorecem o crescimento das plantas. Por isso, presume-se que contribuem para a manutenção da fertilidade do solo. Um grande número de minhocas é um indicador da fertilidade do solo.

As minhocas dividem-se em três grupos ou categorias com base nos seus hábitos, habitat, coloração, tamanho do corpo, ciclo de vida e fecundidade:

Minhocas epígeas**:** As minhocas epígeas vivem à superfície do solo na folhagem. Estas espécies não costumam fazer tocas, mas vivem na folhagem e alimentam-se dela. As minhocas epígeas também são frequentemente de cor vermelha viva ou castanha avermelhada, mas não são listradas. Têm

a capacidade de sobreviver em condições desfavoráveis, um ciclo de vida curto, uma produção de casulos moderada a elevada, a capacidade de acumular uma elevada densidade populacional e são muito adequados para a reciclagem de resíduos orgânicos (vermicompostagem).

Endogénicas: As minhocas endógenas vivem no solo e alimentam-se dele. Fazem túneis horizontais através do solo para se deslocarem e se alimentarem, e reutilizam esses túneis até certo ponto. As minhocas endógenas são frequentemente pálidas, cinzentas, cor-de-rosa, verdes ou azuis. Algumas podem escavar muito fundo no solo.

Anécicas ou anécicas: As minhocas anécicas criam tocas verticais permanentes no solo. Alimentam-se de folhas à superfície do solo, que puxam para as suas tocas. Também fazem lixo à superfície e estas pegadas podem ser vistas frequentemente nos prados. Também fazem montes de gesso à volta da entrada das suas tocas. As espécies anécicas são as maiores espécies de minhocas do Reino Unido. São de cor escura (vermelha ou castanha) na cabeça e têm caudas mais pálidas.

A capacidade das minhocas para decompor resíduos e melhorar a fertilidade do solo é conhecida há milhares de anos, mas a sua contribuição para a agricultura moderna tem sido negligenciada devido à utilização extensiva de agroquímicos como fertilizantes. Devido a algumas deficiências e impactos negativos das tecnologias modernas e desenvolvimentos insustentáveis, especialmente no domínio da agricultura, a importância das tecnologias amigas do ambiente e do desenvolvimento sustentável é hoje enfatizada. O potencial das minhocas no cultivo do solo devido à sua atividade de escavação e compostagem de matéria orgânica foi reconhecido, tendo sido desenvolvida uma biotecnologia simples e adequada para a vermicultura, que pode resolver em grande medida os problemas de processamento e gestão de resíduos. Também conduz à produção de um produto final útil (biocomposto) que contribui para uma agricultura sustentável.

A legislação ambiental, a escassez de espaço nos aterros e a crescente consciencialização do público centraram a nossa atenção em estratégias alternativas para recuperar um rico conjunto de nutrientes desses resíduos. A compostagem e a vermicompostagem são dois dos métodos mais conhecidos para estabilizar os resíduos orgânicos sólidos. Embora os microrganismos sejam os principais responsáveis pela decomposição bioquímica da matéria orgânica em ambos os processos, as minhocas desempenham um papel importante na vermicompostagem, juntamente com os micróbios. As minhocas aumentam a atividade e a diversidade microbiana (Fracchia *et al.*, 2006; Lazcano *et al.*, 2008) e conduzem a uma rápida decomposição dos resíduos e à recuperação de nutrientes.

Muitos subprodutos orgânicos da produção agrícola e da indústria transformadora são atualmente considerados resíduos e, por conseguinte, representam uma ameaça potencial para o ambiente. As folhas, as aparas de relva, o papel e os resíduos alimentares dos restaurantes também se tornaram um problema. Alguns destes resíduos são atualmente reutilizados, reciclados ou reprocessados, mas a maior parte é depositada em aterros (compostagem anaeróbia), o que constitui um problema nacional devido a muitos factores, incluindo os custos e as questões ambientais. A gestão segura e não perigosa dos resíduos é um problema da sociedade civilizada moderna. A variedade e a quantidade de resíduos sólidos aumentaram enormemente com o rápido crescimento da população, a urbanização e a forte industrialização. Devido ao declínio do interesse pelos compostos orgânicos e à utilização irracional de fertilizantes químicos, os resíduos orgânicos biodegradáveis tornaram-se uma fonte adicional de poluição ambiental. Geralmente, são utilizados métodos de gestão de resíduos inadequados e impróprios, como a deposição em aterro, o depósito em aterro, a incineração, etc., que não são seguros nem para o ambiente nem para a saúde humana.

Nos últimos anos, a utilização de minhocas na decomposição de uma vasta gama de resíduos orgânicos, incluindo lamas de depuração, resíduos animais, resíduos de culturas e

Os resíduos industriais são recomendados para a produção de vermicomposto (Mitchell *et al.*, 1980; Reinecke e Venter, 1987; Chan e Griffiths, 1988; Hartenstein e Bisesi, 1988; Haimi, 1990; Van Gestel *et al*, 1992; Dominguez e Edwards, 1997; Garg *et al*, 2006). Foi identificada uma classe especial de espécies de minhocas altamente eficientes (epígeas) que podem ser utilizadas para a bioconversão em larga escala de resíduos orgânicos em vermicomposto. As minhocas trabalham em conjunto com bactérias aeróbicas. Este tipo de sistema de decomposição e compostagem de resíduos está a revelar-se económica e ambientalmente adequado em comparação com a tecnologia convencional de decomposição microbiana e compostagem, uma vez que é um processo rápido e praticamente inodoro que reduz o tempo de compostagem em mais de metade, reduz significativamente os riscos ambientais, melhora a qualidade do composto e o produto final é desinfectado e desintoxicado (Loehr *et al.*, 1984; Edwards *et al.*, 1998).

A biotransformação dos resíduos através da criação de minhocas epigeicas é conhecida como vermicompostagem. Na realidade, porém, trata-se da bio-oxidação e estabilização da matéria orgânica através da atividade conjunta de minhocas e microrganismos, especialmente bactérias aeróbias, uma vez que estão intimamente relacionadas entre si. A vermicompostagem é uma fase não termofílica do tratamento dos resíduos (Canellas *et al.,* 2002).

O vermicomposto é um material maduro, semelhante à turfa, com elevada porosidade, arejamento, capacidade de retenção de água e atividade microbiana, estabilizado pela interação entre minhocas e microrganismos num processo não termofílico (Edwards e Burrows 1988). O vermicomposto tem uma grande área de superfície de partículas que fornece muitos microsites para uma forte retenção de nutrientes (Shi-wei e Fu-zhen, 1991). O vermicomposto é rico em populações e diversidade microbiana, especialmente fungos, bactérias e actinomicetas (Edwards, 1998). A aplicação de vermicomposto aumenta a população microbiana total de bactérias e actinomicetos fixadores de azoto no solo. O aumento da atividade microbiana no solo prossegue a decomposição dos resíduos orgânicos no solo e melhora a disponibilidade de fósforo e azoto para as plantas em crescimento.

Na Índia, o programa de vermicompostagem foi iniciado em 1990, tendo o Prof. Radha D. Kale (Bangalore), o Prof. B.K. Senapati (Sambalpur), o Dr. Uday Bhawalkar (Pune) e Bhiday sido alguns dos pioneiros. Foram também efectuados trabalhos notáveis sobre vermicompostagem no Bhawalkar Earthworms Research Institute (BERI), Pune, no Tata Energy Research Institute (TERI), Delhi, no National Environmental Engineering Research Institute (NEERI), Nagpur, e no Institute of Natural Organic Agriculture (INORA), Pune.

A compostagem é um método simples, eficiente, de fácil utilização e economicamente viável de gestão de resíduos sólidos que pode contribuir para o desenvolvimento sustentável nas áreas da proteção ambiental, do desenvolvimento agrícola e do desenvolvimento socioeconómico. Esta prática está lentamente a ganhar popularidade. Foram feitas várias tentativas para estudar a biotransformação de vários resíduos, incluindo resíduos animais, resíduos de culturas, resíduos industriais e resíduos sólidos urbanos, utilizando minhocas (Agrawal e Agrawal, 2009). No entanto, na maioria das instalações de vermicompostagem, o estrume de gado é utilizado misturado com resíduos de culturas e não foi dada atenção suficiente à inclusão de outros tipos de resíduos.

Os resíduos sólidos provenientes da agricultura, da indústria alimentar e de transformação de alimentos, da indústria do papel e do cartão, dos aglomerados humanos, das fezes dos animais, etc. contêm geralmente uma grande quantidade de componentes que podem servir de fonte de nutrientes para as plantas. No entanto, a maioria deles não pode ser aplicada diretamente no solo, uma vez que podem ter efeitos nocivos para as plantas e demoram mais tempo a decompor-se devido à sua natureza complexa.
Empobrecimento da diversidade microbiana no solo devido à utilização excessiva e irracional de produtos químicos agrícolas. Por conseguinte, foi recomendada a conversão prévia da biomassa residual em biocomposto através da auto-compostagem, da inoculação bacteriana, do tratamento com biogás ou da vermicompostagem. Alguns cientistas concentraram-se no tratamento das lamas de depuração através da vermicompostagem, uma vez que a introdução de minhocas epígeas nas lamas de depuração mantidas em condições aeróbias deverá melhorar o arejamento, tornando-as adequadas à ação das bactérias aeróbias (de compostagem). A mistura das lamas de depuração com outros resíduos grosseiros ajuda a melhorar a densidade aparente e a relação C/N do meio, tornando-o favorável à vermicompostagem.

A utilização de minhocas para a biodegradação de resíduos orgânicos é um desenvolvimento recente nas ciências biológicas (Graff, 1982), embora a primeira abordagem científica ao estudo das minhocas tenha sido feita pelo grande biólogo do século XIX, Darwin (Darwin, 1881), na sua publicação clássica "**A formação de vegetais através da ação das minhocas, com observações sobre os seus hábitos**". Ele descreveu o papel das minhocas com as seguintes palavras: "**O arado é uma das invenções mais**

antigas e valiosas do homem, mas muito antes de ele existir, a terra era regularmente arada por minhocas e continua a sê-lo ainda hoje".

As minhocas alimentam-se de material orgânico parcialmente decomposto e o seu aparelho digestivo actua como um triturador que reduz o tamanho das partículas do alimento e actua depois como um bioreactor onde os produtos residuais são transformados em fertilizante orgânico sob a forma de fezes de minhoca com a ajuda de microrganismos e enzimas digestivas. Estima-se que as minhocas podem consumir quatro a cinco vezes o seu próprio peso corporal em resíduos por dia e que produzem cerca de 50% dos resíduos que consomem como estrume. As fezes são excretadas dos seus corpos sob a forma de agregados granulares.

As minhocas comem vários resíduos orgânicos e reduzem o seu volume em 40-60 por cento. Por exemplo, 1 kg de minhocas pode decompor cerca de 4-5 kg de matéria orgânica em 24 horas (Venkateswaralu, 1995). O tipo de alimento e a sua disponibilidade, bem como outros parâmetros físicos como a temperatura, a luz, o teor de humidade e parâmetros biológicos como a pressão de densidade e as condições ambientais criadas pela sua própria atividade influenciam o seu crescimento e fertilidade.

O vermicomposto pode ser produzido a partir de quase todos os tipos de resíduos orgânicos, se forem fornecidas condições adequadas de pré-processamento e de processamento controlado. Na Índia, o processo vermi foi testado para o tratamento de resíduos da agricultura, da indústria do açúcar, da transformação de alimentos e de outros sectores (Kale, 2000). A reciclagem de resíduos através da tecnologia vermi reduz os problemas de não utilização dos resíduos agrícolas. O vermicomposto ganhou importância devido ao seu maior valor económico em comparação com o composto produzido por métodos tradicionais. Os nutrientes contidos no vermicomposto estão prontamente disponíveis para o crescimento das plantas e o vermicomposto tem uma concentração mais elevada de nutrientes disponíveis do que os resíduos a partir dos quais é produzido.

As minhocas não só desempenham um papel essencial no ciclo de nutrientes e na renovação do solo, como também exercem uma influência lenta mas significativa na própria paisagem. Do ponto de vista económico, são participantes importantes em muitos programas de compostagem em grande escala e na indústria multimilionária de isco para peixes (Tomlin, 1983). Como afirmou Charles Darwin (1881), **"as minhocas desempenharam um papel mais importante na história do mundo do que a maioria das pessoas supõe à partida".**

A compostagem é uma fonte de rendimento adicional, especialmente para os agricultores e criadores de gado. As pessoas desempregadas podem utilizá-la como um meio de se tornarem independentes. Esta prática reforça o conceito de proteção do ambiente
reduzindo a poluição causada por produtos químicos agrícolas e a gestão incorrecta dos resíduos.

A vermicompostagem oferece uma solução vantajosa para todos os problemas acima referidos. A vermicompostagem de resíduos orgânicos não só resolve o problema da eliminação de resíduos de uma forma amiga do ambiente, como também fornece vermicomposto rico em nutrientes que reforça o nosso agroecossistema.

Tendo em conta o aumento da população mundial, especialmente nos países subdesenvolvidos e em desenvolvimento, os esforços para aumentar a produção agrícola sempre foram importantes e continuarão a sê-lo no futuro. A fim de tornar a vida das pessoas mais confortável, foram descobertos e utilizados instrumentos agrícolas modernos (mecanização, fertilizantes químicos e pesticidas) para aumentar a produção agrícola. Este foi um acontecimento importante e bem sucedido, conhecido popularmente como a **REVOLUÇÃO VERDE**.

A utilização excessiva, irracional e a longo prazo de factores de produção químicos, especialmente fertilizantes e pesticidas, conduziu a vários problemas, incluindo poluição ambiental, riscos para a saúde, surtos de pragas, reemergência de pragas, aparecimento de novas pragas, resistência aos pesticidas, etc. Devido aos resíduos tóxicos dos fertilizantes químicos e dos pesticidas e à falta de matéria orgânica no solo, a biodiversidade e as populações de plantas e animais benéficos no solo, incluindo as minhocas, estão a diminuir. A base da vida no solo está em perigo; o solo torna-se morto e improdutivo. Está a esgotar-se em micro e mega nutrientes e a fertilidade do solo está a deteriorar-se a tal ponto que nada pode ser produzido sem a adição de fertilizantes químicos, e a quantidade crescente de fertilizantes não está a aumentar a produção agrícola para níveis desejáveis. As exigências sobre o solo estão a aumentar e ninguém sabe onde isto vai parar.

Em vez de serem devolvidos ao solo, os recursos orgânicos naturais são destruídos e considerados resíduos. Tornaram-se uma fonte adicional de poluição atmosférica devido a uma gestão incorrecta, como a queima, o despejo, a deposição em aterro, o enchimento, etc. A variedade e a quantidade de resíduos biodegradáveis e não biodegradáveis estão a aumentar. A eliminação e gestão seguras dos resíduos, especialmente dos resíduos orgânicos, é um problema global que é ainda mais grave nos países em desenvolvimento como a Índia. Uma grande parte dos resíduos é incinerada para se livrar rapidamente deles. Os restantes resíduos são recolhidos e depositados em parcelas vazias ou terrenos áridos na cidade ou nos arredores, onde são amontoados ou deixados a decompor-se. Estas práticas conduzem à poluição do solo, do ar e da água, que estão na origem de problemas ambientais, climáticos e sanitários. A eliminação, a recolha e o tratamento dos resíduos também misturam resíduos não orgânicos, tornando a reciclagem muito mais difícil. De facto, a reciclagem não é seriamente considerada e os seus benefícios são largamente negligenciados.

Hoje em dia, há uma consciência crescente de que só a introdução de métodos agrícolas ecológicos e sustentáveis pode inverter a tendência decrescente da produtividade global e da proteção ambiental (Aveyard, 1988; Wani e Lee, 1992; Wani *et al.*, 1995). Por um lado, os solos tropicais carecem dos nutrientes necessários para as plantas; por outro lado, são desperdiçadas grandes quantidades desses nutrientes, que estão contidos nos resíduos domésticos e nos subprodutos agrícolas. Estima-se que, todos os anos, nas cidades e zonas rurais da Índia, são produzidas quase 700 milhões de toneladas de resíduos orgânicos. Estas grandes quantidades de resíduos orgânicos colocam também um problema de eliminação segura. A maior parte destes resíduos orgânicos é despejada, depositada em aterros ou incinerada. Os actuais métodos de eliminação e gestão dos resíduos orgânicos resultam numa forte poluição do ambiente. Juntamente com outras fontes de poluição, contribuem para agravar os problemas
Efeito de estufa, aquecimento global, destruição da camada de ozono, deterioração da qualidade dos produtos (alimentos), ameaças à saúde humana, etc.

Espécies selecionadas de minhocas são utilizadas para estabilizar os resíduos orgânicos, sendo que o efeito estimulante das minhocas sobre estes provoca alterações mecânicas e bioquímicas. Quando é necessário manter monoculturas de minhocas para tratar os resíduos, os factores intrínsecos e extrínsecos desempenham um papel importante no estudo do crescimento e do estabelecimento da população. Verificou-se que o crescimento das populações de *Eisenia foetida* (Savigny) e *Eudrilus eugeniae* (Kinberg) depende da qualidade e da quantidade de alimentos disponíveis, dos meios de cultura, da temperatura e da humidade. As espécies de minhocas mais frequentemente selecionadas pelo seu elevado desempenho são *Eudrilus eugeniae, Eisenia foetida, Perionyx excavatus, Lumbricus rubellus, Drawida willsi, Lampito mauritii* e *Octochaetona serrata. A Eudrilus eugeniae* (Kinberg) é uma delas, que tem o potencial de decompor os resíduos orgânicos e de os converter em adubo orgânico rico em nutrientes.

Na Índia, os recursos fertilizantes e os resíduos orgânicos são abundantes e podem ser convertidos em vermicomposto utilizando uma ou outra espécie de minhoca. A produção anual total de biomassa residual na Índia é de cerca de 2500 milhões de toneladas, das quais o estrume animal representa, por si só, cerca de 60% (Dash e Senapati, 1986).

O sector da pasta de papel e do papel produz mais de 304 milhões de toneladas de papel por ano. Em 2005, só na Europa, foram produzidas 99,3 milhões de toneladas de papel, gerando 11 milhões de toneladas de resíduos, o que representa 11% da produção total de papel. No mesmo período, a produção de papel reciclado ascendeu a 47,3 milhões de toneladas, com 7,7 milhões de toneladas de resíduos sólidos, representando 16% da produção total desta matéria-prima (Monte *et al.*, 2009).

Prevê-se que a produção global da indústria da pasta e do papel aumente 77% até 2020 e que, ao mesmo tempo, mais de 66% do papel seja reciclado (Lacour, 2005). Em média, a maior parte dos resíduos gerados durante o fabrico e a reciclagem de papel são PMS, um subproduto que representa até 23,4% de uma unidade de papel produzida, dependendo a quantidade do processo de fabrico de papel (Miner, 1991).

Tal como outros ramos da indústria, a indústria do papel não é inofensiva para o ambiente. Polui o ambiente e produz resíduos, que são geralmente depositados em aterros sanitários. A deposição de resíduos em aterros não só ocupa muito espaço, como também aumenta a poluição, provocando o efeito de estufa, as alterações climáticas, o aquecimento global e riscos para a saúde humana. Mais produção de papel significa mais árvores cortadas, e as árvores monitorizam a qualidade ambiental e reduzem a poluição. A produção de papel não pode ser interrompida, mas podem ser desenvolvidas e aplicadas tecnologias para reduzir a poluição através da reciclagem de resíduos de uma forma ambientalmente correta para produzir um produto final útil.

Tal como os seres humanos, as minhocas necessitam de uma dieta completa e equilibrada que contenha todos os macro (proteínas, hidratos de carbono, gorduras) e micronutrientes (vitaminas, minerais) necessários e que possa ser facilmente digerida e absorvida. O alimento serve também de meio (habitat) para o seu estilo de vida e actividades. Além disso, o meio deve ter uma relação C/N apropriada, humidade suficiente, um valor de pH adequado e um bom arejamento, uma vez que as minhocas necessitam de oxigénio para a respiração da pele. Para minhocas epígeas adequadas à vermicompostagem, o estrume de gado é o meio ideal. Outros meios de resíduos podem conter mais azoto do que carbono ou *vice-versa*, ser demasiado ácidos ou demasiado alcalinos, ter um teor de água demasiado baixo ou demasiado elevado, ou ter uma densidade aparente demasiado alta ou demasiado baixa, sendo que os dois últimos factores afectam o arejamento adequado. Por conseguinte, estes resíduos devem ser completados com outros resíduos para igualar estas condições. As minhocas não são capazes de devorar os resíduos.

As bactérias aeróbias actuam primeiro sobre os alimentos e começam a digeri-los e a liquefazê-los. As bactérias aeróbias actuam primeiro sobre os alimentos e começam a digeri-los e a liquefazê-los. Os vermes consomem estas substâncias semi-sólidas, parcialmente digeridas, juntamente com as bactérias. A cominuição e a decomposição do alimento ingerido ocorrem no intestino das minhocas, para o que contribuem a agitação na moela e as actividades das enzimas e bactérias intestinais. O tubo digestivo das minhocas funciona como um bioreactor no qual as bactérias crescem e se multiplicam rapidamente. A contagem total de bactérias do conteúdo intestinal e dos excrementos das minhocas (composto de minhoca) é, por conseguinte, muito mais elevada do que no material de cama original. As minhocas ajudam na multiplicação e distribuição dos micróbios. Juntamente com as minhocas, os micróbios mineralizam e humificam o material orgânico e facilitam a quelação de alguns iões metálicos.

Foram efectuados alguns estudos para demonstrar a vermicompostagem de resíduos da indústria do papel e do cartão (Satchell e Martin, 1984; Deolalikar e Mitra, 1997a,b; Elvira *et al,* 1995, 1996, 1997; Gajalakshmi et al, 2000, 2001a,b, 2002; Pierce *et al*, 2003; Gajalakshmi e Abbasi, 2003; Kaur *et al*, 2010; Suriyanayanam *et al*, 2010; Marche *et al*, 2003; Bisht *et al,* 2010; Hemalatha 2012). Foi relatado que grandes quantidades de estrume têm de ser misturadas para este efeito. No quotidiano, são geradas grandes quantidades de resíduos de papel, especialmente em escritórios, empresas, indústria de embalagens e agregados familiares. O papel picado é utilizado para embalar e transportar fruta, legumes, alimentos, artigos frágeis, etc. Por razões de confidencialidade, os resíduos de papel não são vendidos no mercado, sendo normalmente cortados em pedaços e incinerados. Os resíduos de papel e de cartão do mercado também não são selecionados para reciclagem. Uma grande quantidade destes resíduos é eliminada juntamente com outros resíduos em aterros, lixeiras ou por incineração. O papel e os resíduos à base de papel são ricos em celulose (carbono) e pobres em azoto. Têm um rácio C/N muito mais elevado. O papel triturado tem uma baixa densidade aparente, o que garante uma quantidade suficiente de
Ventilação, mas o material encharcado de água torna-se demasiado denso e não permite a livre ventilação. A
As bactérias aeróbias não são capazes de utilizar a celulose complexa dos resíduos de papel. Por conseguinte, a compostagem dos resíduos de papel não é uma tarefa fácil. Não foram feitas tentativas sérias para reciclar os resíduos de papel de modo a evitar a poluição causada pela sua eliminação e a produzir um produto final útil. Por conseguinte, o presente estudo foi realizado com os seguintes objectivos

> Recolha de resíduos de papel de várias fontes e sua conversão em pedaços mais pequenos utilizando uma máquina de trituração.

> Mistura de papel picado com uma quantidade adequada de estrume de gado para equilibrar a relação C/N e obter a humidade, a densidade aparente e o arejamento adequados para as actividades das minhocas epígeas.

> Investigação da influência de alguns aditivos para facilitar a degradação do teor de celulose do papel e melhorar o processo de vermicompostagem.

> Proposta de um método adequado para a compostagem de resíduos de papel

Capítulo 2

Revisão da literatura

A utilização de minhocas para transformar a matéria orgânica é conhecida há séculos.

As primeiras referências podem ser encontradas nas obras sânscritas de Rishi Parashar. Os famosos naturalistas Aristóteles e Charles Darwin descreveram as minhocas com bastante pormenor. Aristóteles referiu-se a elas como as **"entranhas da terra"** e Darwin chamou-lhes **"lavradores da natureza"**. Barrett (1959) descreveu o potencial das minhocas na formação de solo fértil e de cor escura (composto) e chamou-lhes **"os maiores servos da natureza"**. O famoso investigador de minhocas Satchell (1967) escreveu: **"O maravilhoso zoo vivo de minhocas debaixo dos nossos pés está ativo dia e noite, fazendo silenciosamente o trabalho de decomposição e humificação, enterrando resíduos orgânicos e misturando matéria inorgânica e orgânica dos seus excrementos com o solo"**. As minhocas são omnívoras, mas frequentemente selectivas nos seus hábitos alimentares. Alimentam-se de

Alimentam-se de material orgânico, bactérias vivas, fungos, diatomáceas, algas, protozoários, nemátodos e material animal e vegetal em decomposição. As minhocas são também utilizadas como fonte de alimentação animal rica em proteínas, uma vez que contêm 70-80% de proteínas na matéria seca.

O conceito de tecnologia vermi remonta a meados do século XX. Desde então, a vermicompostagem tem sido seriamente desenvolvida nos Estados Unidos da América, Itália e Japão e está agora a ser introduzida em França, Israel, Índia e outros países. A vermicompostagem tem como principais objectivos a agricultura, a redução da poluição e o desenvolvimento do sector rural, pelo que se insere na categoria das biotecnologias agrícola, ecológica e rural.

A indústria mundial do papel está a crescer a um ritmo de 2,8% ao ano para responder à procura crescente de papel e cartão, que deverá passar de 300 milhões de toneladas para 420 milhões de toneladas até ao final de 2010. Tanto assim é que a indústria do papel dos EUA, a maior do mundo, registou um lucro de 100 milhões de dólares só em 2009. Por conseguinte, é necessário mais espaço em aterros para armazenar as lamas orgânicas tóxicas produzidas por esta indústria. Este facto conduz não só a uma grave poluição do solo e das águas subterrâneas da zona, mas também ao desperdício de um recurso rico em carbono. A legislação ambiental, a escassez de espaço nos aterros e a consciencialização do público centraram a nossa atenção em estratégias alternativas para recuperar a rica reserva de nutrientes desses resíduos. A compostagem e a vermicompostagem são dois dos métodos mais conhecidos para estabilizar os resíduos orgânicos sólidos. Embora em ambos os processos os microrganismos sejam os principais responsáveis pela degradação bioquímica da matéria orgânica, na vermicompostagem as minhocas desempenham um papel importante juntamente com os micróbios. O

As minhocas aumentam efetivamente a atividade e a diversidade microbianas (Fracchia *et al.*, 2006; Lazcano

et al., 2008) e conduzem a uma rápida decomposição dos resíduos e à recuperação de nutrientes.

A indústria da pasta e do papel, as fábricas de papel e a indústria dos lacticínios são uma parte importante da economia de vários países. Estas indústrias estão entre os maiores consumidores de água e são também os maiores geradores de resíduos sólidos, tais como cinzas volantes, lamas de fábricas de papel, precipitados inorgânicos e lamas sólidas de estações de tratamento de águas residuais complexas. Estas lamas são incineradas ou eliminadas em aterros sanitários. Estes métodos conduzem à perda de um recurso valioso e têm desvantagens ecológicas e económicas. A criação de minhocas (vermicultura) é outra biotécnica para converter resíduos orgânicos sólidos em composto (Ghosh, 2004).

A utilização de matéria orgânica, como estrume animal, dejectos humanos, resíduos alimentares, resíduos de jardim, lamas de depuração e composto, é há muito reconhecida na agricultura como benéfica para o crescimento e rendimento das plantas e para a manutenção da fertilidade do solo. As novas abordagens à utilização de corretivos orgânicos na agricultura provaram ser eficazes na melhoria da estrutura do solo, no aumento da fertilidade do solo e no aumento do rendimento das culturas. Os produtos orgânicos são uma excelente fonte de nutrientes disponíveis para as plantas, e a sua adição ao solo pode manter populações e actividades microbianas elevadas (Pascual *et. al.*, 1997; Zink e Allen, 1998), resultando num aumento dos níveis de biomassa-C, respiração basal, quociente biomassa-C:C orgânico total e quociente metabólico (qCO). Os rendimentos das culturas aumentaram com a correspondente melhoria da qualidade do solo devido à adição de matéria orgânica. Foram registados aumentos significativos de rendimento com a utilização de cobertura morta de casca de café (Bwamiki, 1998) e aumentos de produtividade com a utilização de estrume animal e resíduos de feno (Johnston *et al.*, 1995). O seu papel importante no solo e os seus efeitos potencialmente positivos no rendimento das culturas tornaram os corretivos orgânicos uma componente valiosa da fertilização agrícola.

Programas de gestão em agricultura alternativa. Os materiais orgânicos utilizados incluem resíduos de culturas como material de cobertura vegetal.

De acordo com Yang *et al.* (2006), *a Eisenia foetida* acelerou significativamente a mineralização de resíduos orgânicos, aumentou o azoto total e diminuiu o carbono orgânico e a relação C:N do vermicomposto. Do mesmo modo, Aira *et al.* (2006) registaram uma rápida diminuição do carbono orgânico dissolvido na vermicompostagem com Eisenia foetida em todos os tratamentos. Dominguez *et al.* (1997) referiram que o vermicomposto é rico em nutrientes. Contém nitrogénio, fósforo, potássio, cálcio, sódio, magnésio, ferro, zinco, manganês, cobre e boro. Os mais importantes são o azoto, o fósforo e o potássio, que adicionam ao solo. Muitas zonas cultivadas são deficitárias em pelo menos um destes nutrientes. A adição de vermicomposto a um campo pode poupar dinheiro que teria sido gasto em fertilizantes. É um bom substituto para os fertilizantes químicos e contém mais NPK do que o estrume normal (Srivastava e Beohar, 2004).

A vermicompostagem é um domínio que constitui um desafio para os cientistas, devendo ser feito mais trabalho nesta área para colmatar o fosso entre o laboratório e o campo, e devem ser criadas instalações modelo de vermicompostagem. Estas podem servir de fonte de inspiração para agricultores, criadores de gado, agro-indústrias, proprietários de casas, empresários e amadores adoptarem práticas de vermicompostagem. A tecnologia de compostagem de minhocas é benéfica para toda a sociedade humana e contribui para o desenvolvimento sustentável global nas áreas da agricultura, ambiente, sector socioeconómico, saúde comunitária, ciência e tecnologia (Agrawal, 2005).

Mais recentemente (a partir da década de 1980), a importância das minhocas voltou a ser reconhecida e considerou-se que estas podem dar um contributo importante para a proteção do ambiente, a agricultura biológica e o desenvolvimento sustentável. Elas podem resolver muitos dos nossos problemas
relacionados com a eliminação e gestão seguras dos resíduos orgânicos. Com base no seu

habitat e hábitos alimentares, foram identificadas três categorias principais de minhocas: epígeas (activas nas camadas superiores de solos ricos em resíduos orgânicos), anóicas (activas na zona média do solo) e endogénicas (que se enterram nas camadas mais profundas do solo) (Bouche, 1977).

A cultura de minhocas foi iniciada devido à sua importância como alimento para peixes e como isco para a pesca. Percebeu-se então que as espécies epígeas de minhocas poderiam ser utilizadas para a bioconversão em larga escala de resíduos orgânicos em biocomposto, popularmente conhecido como vermicomposto.

A importância das minhocas para a gestão dos resíduos, a proteção do ambiente, a agricultura biológica e a agricultura sustentável foi sublinhada por vários peritos (Edwards, 1985; Edwards e Neuhauser, 1988; Senapati, 1992; Rosset e Benjamin, 1993; Mitchell, 1997; Bhawalkar, 1994; Ismail, 1997; Eijasackers, 1998; Ghatnekar *et al,* 1998; Talashikar e Powar, 1998; Tripathi, 2003; Agrawal, 2005, 2008; Agrawal e Agrawal, 2006). De acordo com Agrawal (2005 b), a tecnologia dos vermes pode influenciar o desenvolvimento sustentável da sociedade humana em todos os aspectos. A tecnologia da vermicompostagem tem sido estudada como um meio de reduzir os resíduos orgânicos. A vermicompostagem é uma técnica de biodegradação ou estabilização de resíduos orgânicos (naturais/antropogénicos) através da utilização de minhocas e micróbios (Hand *et al.*, 1988; Garg *et al.*, 2006; Suthar, 2007; Mainoo *et al.*, 2009).

O vermicomposto é um produto criado pela biodegradação acelerada de resíduos orgânicos por minhocas e microorganismos. As minhocas comem e decompõem os resíduos orgânicos em partículas mais finas, passando-os através de um estômago triturador, e alimentam-se de microrganismos que crescem nesses resíduos. O sítio Web (Albanell *et al.*, 1988; Orozco *et al.*, 1996; Benitez, *et al.*, (1999) concluíram que durante a vermicompostagem, a minhoca inoculada mantém condições aeróbicas nos resíduos orgânicos, converte parte do material orgânico em biomassa de minhoca e produtos de respiração, e excreta o restante produto parcialmente estabilizado,

O produto final, geralmente designado por vermicomposto, é altamente humificado devido à fragmentação do material orgânico de origem pela areia das minhocas e à colonização por microrganismos (Edwards e Neuhauser (1988); Edwards, 1998). O vermicomposto é um material finamente dividido, semelhante à turfa, com elevada porosidade, arejamento, drenagem e capacidade de retenção de água (Edwards e Burrows, 1988). Albanell *et al* (1988) referiram que os vermicompostos têm normalmente valores de pH próximos da neutralidade, o que pode dever-se à produção de CO e de ácidos orgânicos gerados durante o metabolismo microbiano. Também referiram que o teor de humidade foi gradualmente reduzido durante a vermicompostagem, de modo a que o teor de humidade final se situasse entre 45% e 60%, o teor de humidade ideal para os compostos aplicados no solo.

Algumas minhocas epígeas: *Lumbricus terrestris, Eisenia fetida, E. andrei, Eudrilus* eugeniae *e Perionyx excavatus* demonstraram ser fontes importantes para combater os problemas de eliminação de resíduos orgânicos numa base de baixa produção (Kale, *et al*, 1982; Butt, 1993; Elvira, *et al*, 1998; Dominguez, *et al*, 2001. Garg e Kaushik, 2005; Suthar, 2006). Recentemente, Suthar (2007) *demonstrou* o potencial de uma nova espécie, *P. sansibaricus*, para actividades de decomposição de resíduos. Benitez *et al* (1999) concluíram que a minhoca inoculada mantém condições aeróbicas nos resíduos orgânicos durante a vermicompostagem.
converte parte da matéria orgânica em biomassa de vermes e produtos de respiração e expele o produto restante, parcialmente estabilizado.

O potencial de algumas minhocas epigeicas para utilizar resíduos orgânicos em produtos de valor acrescentado está bem documentado (Kale, *et al*, 1982; Elvira, *et al*, 1998; Manna, *et al*, 2003; Garg e Kaushik, 2005; Garg, *et al*, 2006; Suthar, 2006 e 2007a). No entanto, *P. excavatus* e *P. sansibaricus* são considerados endémicos dos solos indianos e estão amplamente distribuídos em muitos ecossistemas naturais do solo. No entanto, a eficiência de decomposição de resíduos de *P. excavatus* está bem documentada na literatura (Kale, *et al.*, 1982; Edwards, *et al.*, 1998; Suthar, 2006; Suthar, 2007).

Hartenstein *et al* (1980) referiram que as minhocas podem bioacumular concentrações elevadas de metais pesados nos seus tecidos sem afetar a sua fisiologia. Ireland (1983) também descobriu que *Lumbricus terrestris*, *L. rubellus* e *Dendrobena rubida* podem bioacumular níveis elevados de chumbo nos seus tecidos e que as glândulas calcificantes das minhocas excretam zinco, manganês e ferro. Contreras-Ramos *et al.* (2005) também confirmaram que as minhocas reduzem as concentrações de crómio (Cr), cobre (Cu), zinco (Zn) e chumbo (Pb) em lamas vermi-compostas (lamas de depuração) abaixo dos limites estabelecidos pela USEPA em 60 dias.

Kale *et al* (1982) testaram a espécie de minhoca oriental do Sul da Índia, *Perionyx excavatus*, para a compostagem de resíduos animais em condições laboratoriais. Do mesmo modo, *Perionyx sansibarious* em Kerala e *P. pallus* em Maharastra foram testadas para a decomposição de resíduos orgânicos e revelaram-se altamente satisfatórias. Kale e Bano (1988) recomendaram uma cultura mista de minhocas exóticas com espécies locais.

Investigadores anteriores mostraram que as minhocas preferem alimentos com maior teor de fungos e cálcio (Cooke e Luxton, 1980; Parthasarthi e Ranganathan, (2000) e maior teor de açúcar e azoto (Lee, 1983; Edwards e Bohlen, 1996). Desde
As minhocas são organismos heterotérmicos; o seu metabolismo e a intensidade de outras actividades vitais dependem da temperatura ambiente. °A temperatura óptima para a cultura e reprodução de *Eudrilus eugeniae* situa-se entre 20 e 25 C (Senapati, 1992).

Kale *et al* (1992) relataram o aumento da densidade de fixadores de azoto através da aplicação de vermicomposto.

Alguns trabalhos anteriores mostraram que as lamas de depuração podem ser tratadas com sucesso e com segurança através da vericompostagem (Hartenstein *et al*, 1979; Hartenstein e Hartenstein, 1981; Mitchell *et al*, 1980; Neuhauser *et al*, 1980; Kaplan *et al*, 1980).

Singh *et al* (2012) efectuaram um estudo para investigar o efeito do estrume, vermicomposto e nutrientes químicos no crescimento e rendimento do grão-de-bico (*Cicerarietinum* L.).

Sinha *et al* (2002) estudaram as capacidades de decomposição e compostagem de três espécies de minhocas em resíduos comunitários (estrume de gado, resíduos alimentares crus e resíduos de jardim) e referiram que a minhoca *Eudrilus euginae* era a melhor decompositora de resíduos, seguida da *Eisenia fetida*.

Sinha *et al* (2008) referiram que tanto os resíduos urbanos (domésticos e comerciais) como os industriais (pecuária, transformação de alimentos e indústria do papel) podem ser geridos por minhocas.

Sinha *et al* (2009) investigaram a vermicompostagem de lamas de depuração com *E. eugeniae*. Durante o processo de vermicompostagem, o odor desagradável desapareceu no espaço de duas semanas e, na 12.ª semana, as lamas negras e quebradiças transformaram-se numa massa homogénea e porosa de vermicestos castanhos com uma textura leve. A proporção de metais pesados era consideravelmente menor (80 %) e as lamas estavam quase completamente isentas de agentes patogénicos.

Nos últimos anos, Sinha *et al.* (2010) estudaram extensivamente o papel da cultura de minhocas em programas de desenvolvimento sustentável, incluindo a gestão de resíduos e do solo e a produção de compostos bioactivos valiosos de grande valor medicinal. Segundo eles, as minhocas são simultaneamente "protectoras" e "produtivas" para o ambiente e a sociedade.

Estudos têm demonstrado que estas lamas não podem ser utilizadas isoladamente para a vermicompostagem como terreno fértil para as minhocas (Butt, 1993; Elvira *et al.*, 1995; Gratelly *et al.*, 1996). Por conseguinte, as lamas devem ser misturadas com outros resíduos orgânicos ricos em azoto para fornecer os nutrientes e os microrganismos (Hartenstein, 1978; Butt, 1993; Elvira *et al.*, 1996a, b; Kavian e Ghatnekar, 1991). Gratelly *et al*, 1996, referiu que as lamas de lacticínios também precisam de ser misturadas com outros resíduos orgânicos para melhorar a sua estrutura e equilibrar o teor de nutrientes na mistura. A reciclagem de resíduos através da vermicompostagem reduz o problema da não utilização dos excrementos dos animais (Garg *et al.,* 2006).

De acordo com alguns cientistas ambientais, a vermicompostagem é uma ação conjunta de micróbios e minhocas em termos de fragmentação, ingestão e digestão da biomassa decomposta. Diferentes espécies de minhocas têm diferentes modos de ação, eficiência e capacidade de sobrevivência na natureza (Kaviraj e Sharma, 2003).

Prabhu *et al* (1998) referiram que alguns tratamentos biotecnológicos, como a compostagem e a vermicompostagem, oferecem melhores oportunidades para converter os resíduos orgânicos em biofertilizantes orgânicos ricos em nutrientes, de modo a melhorar a produtividade do coqueiro através desta tecnologia.

Acredita-se que o vermicast contém enzimas como a protease, a amilase, a lipase, a celulose e a quitinase e enzimas que pode reconhecer durante a passagem da matéria orgânica.

através dos intestinos da minhoca. Pensa-se que as hormonas e as enzimas estimulam o crescimento das plantas e afastam as pragas das plantas. Acredita-se também que são um ótimo fertilizante orgânico e condicionador do solo (Gajalakshmi e Abassi, 2003).

Albanell *et al.* (1988) relataram que os vermicompostos geralmente têm valores de pH próximos da neutralidade, o que pode ser devido à produção de CO e ácidos orgânicos gerados durante o metabolismo microbiano. Businelli *et al.* (1983) relataram o efeito humificante das minhocas na produção de vermicomposto.

Bhawalker (1989) chegou à conclusão de que os produtos residuais das minhocas são gradualmente convertidos em nutrientes para as plantas. Segundo ele, os biossistemas de minhocas têm a capacidade de promover o crescimento de bactérias benéficas no seu ambiente.

Hartenstein (1978) e Hand e Hayes (1983) foram os primeiros a efetuar estudos com resíduos de papel provenientes de resíduos domésticos ou de fábricas de papel. No entanto, devido às diferentes origens e à composição complexa, não foi possível obter um sucesso suficiente. Flack e Hartenstein (1984) provaram que a hidrólise microbiana de hidratos de carbono não assimilados favorece o crescimento e a multiplicação de *Eisenia foetida*. Este facto foi posteriormente confirmado por Edwards e Fletcher (1988). Satchell e Martin (1984) verificaram que o teor de fósforo das lamas de resíduos de papel aumentou em 25% após a atividade das minhocas. O aumento do teor de fósforo foi atribuído à ação direta das enzimas intestinais das minhocas e, indiretamente, à estimulação da microflora. Concluíram também que a adição de fósforo ao vermicomposto também evita a perda de azoto através da volatilização do amoníaco.

A primeira referência à adequação dos resíduos de papel como alimento para minhocas foi feita por Edwards (1988). Butt (1993), Elvira *et al.* (1995, 1996, 1997) e colaboradores posteriores reconheceram que as lamas das fábricas de papel e os resíduos de papel têm de ser misturados com outros resíduos para obter uma relação C/N adequada e que a pré-compostagem assistida por microrganismos é a melhor forma de o conseguir. antes da vermicompostagem. Para a compostagem por minhocas, a biomassa de resíduos é mantida suficientemente húmida e arejada para que os microrganismos aeróbicos indígenas possam iniciar a decomposição dos resíduos durante a pré-trituração e produzir uma mistura de alimentação adequada para as minhocas. Não foram adicionados inoculantes microbianos externos. Os materiais ricos em carbono, como a palha, a serradura, os resíduos de cana-de-açúcar, os resíduos da fábrica de papel e os resíduos de papel, necessitam de um período de tempo mais longo para se decomporem e requerem a adição de resíduos ricos em azoto e de inoculantes microbianos adequados, para além do controlo da humidade e do arejamento, a fim de promover a biodegradação e encurtar o tempo antes da compostagem.

Butt (1993) relatou que adicionando substrato rico em azoto (levedura de cerveja usada) a lamas sólidas da indústria do papel, o rácio C:N do meio pode ser ajustado para o tornar adequado como alimento para o crescimento de minhocas. Para que os estudos de vermicompostagem sejam bem sucedidos, é muito importante que se utilize uma metodologia correta, uma mistura de alimentos adequada e um tipo adequado de minhoca. No seu estudo, Butt (1993) utilizou *Lumbricus terrestris* e *Octolasion cyaneum*, que pertencem a diferentes categorias ecológicas e cujas necessidades alimentares diferem significativamente das das minhocas típicas de superfície adequadas à vermicompostagem. Por conseguinte, foram observadas taxas de mortalidade significativas após 120 dias.

Elvira et al. (1995) demonstraram que *Eisenia andrei* pode estabilizar resíduos de fábricas de papel através de hidrólise aeróbia e mesófila. Uma mistura de lamas da fábrica de papel e de lamas de esgotos (1:6) provou ser o substrato mais eficaz para um aumento máximo da biomassa de minhocas e uma diminuição da concentração de metais pesados extraíveis no produto final.

Elvira *et al.* (1996) efectuaram um ensaio de 40 dias com uma mistura de lamas sólidas da fábrica de papel e de lamas de esgotos primários numa proporção de 3:1. Verificou-se que

Esta mistura era um meio adequado para o crescimento e reprodução óptimos das minhocas *Eisenia andrei*. A presença de minhocas acelerou a decomposição e a mineralização da matéria orgânica, promoveu a degradação dos polissacáridos estruturais e aumentou a taxa de humificação. A relação C/N e o grau de extractibilidade dos metais pesados foram inferiores no produto final tratado com minhocas.

Elvira *et al* (1997) demonstraram que as lamas de fibras de papel (LPC), por si só, não são capazes de promover o crescimento de minhocas (*Eisenia andrei)*, mas a sua mistura com materiais ricos em azoto (lamas de esgoto, estrume de suínos e aves) poderia ser adequada para utilização como fonte de alimento na vermicompostagem. Tahir e Hamid (2012) relataram que o vermicomposto poderia ser um método eficiente de conversão de resíduos de coco num subproduto valioso.

Deolalikar e Mitra (1997a) utilizaram vermicomposto de resíduos sólidos de fábricas de papel para fertilizar lagos de aquacultura e verificaram um aumento da produtividade primária líquida de 32,08 para 220,83 mg C /m/h.

Deolalikar e Mitra (1997b) também referiram que a aplicação de vermicomposto preparado a partir de resíduos sólidos de fábricas de papel revelou um melhor crescimento de *Labeo rohita* em comparação com outros fertilizantes orgânicos disponíveis no mercado.

Banu et al (2001) estudaram a biotransformação de lamas de fábricas de papel utilizando uma espécie anécica nativa e duas espécies exóticas de minhocas epígeas e concluíram que a mistura ideal para *Eisenia fetida* consistia em folhas de manga (40%), estrume de vaca (40%) e serradura (20%). Esta mistura foi considerada o material de cama padrão. Uma mistura de lama da fábrica de papel (25 %) e meio padrão (75 %) provou ser satisfatória para a biotransformação da lama da fábrica de papel. Das três espécies de minhocas testadas, a *Eisenia fetida* provou ser a melhor.

Ndegwa e Thompson (2001) compararam a compostagem termofílica tradicional com a vermicompostagem para o tratamento de resíduos orgânicos e a produção de fertilizante natural. Estas duas técnicas têm as suas próprias vantagens e desvantagens. A abordagem integrada combina-as para melhorar o processo global e aumentar a qualidade dos produtos. Utilizaram lamas de depuração activadas misturadas com papel vegetal como base de carbono para a pré-compostagem, seguida de vermicompostagem com *Eisenia fetida*. Não só o tempo de estabilização foi reduzido, como também a qualidade dos produtos foi melhorada.

Gajalakshmi *et al.* (2001a, b) relataram que das quatro espécies de minhocas detritívoras de crescimento rápido, *Eidrilus eugeniae* e *Lampito mauritii* convertem resíduos de papel em vermicomposto mais eficientemente do que *Perionix excavatus* e *Drawisa willsi.* Mostraram também que o papel quase não contém nutrientes, mas é rico em carbono. Por conseguinte, pode ser misturado com uma fonte de nutrientes, como o estrume de vaca, para manter a população de minhocas necessária para a vermicompostagem. Gajalakshmi *et al* (2002) efectuaram um estudo em que uma mistura de estrume de vaca e resíduos de papel em diferentes proporções *foi* convertida em fezes de minhoca por *Lampito mauritti.*

[-1-1]Num estudo conduzido por Gajalakshmi e Abbasi (2003), foi demonstrado que a compostagem e a subsequente vermicompostagem de resíduos de papel triturado com *Eudrilus eugeniae* a densidades mais elevadas de minhocas (62,5-162,5 animais por litro) do que em vermireactores convencionais (7 animais por litro) e em funcionamento contínuo conduz a uma produção consistentemente elevada de vermicestos (72-81%) e a uma mortalidade animal muito baixa (<4,4%).

Marche *et al* (2003) efectuaram um estudo sobre as alterações químicas que ocorrem durante a compostagem de uma mistura de lamas de papel e serradura de madeira de folhosas, desde o momento da iniciação

da compostagem (no dia 0) até ser atingida a biomaturidade (no dia 17). Uma vez que os produtos finais da compostagem são frequentemente aplicados nos solos, é importante que os cientistas do solo saibam que tipos de materiais são adicionados aos solos.

Pierce *et al* (2003) efectuaram um estudo sobre a recuperação do solo através da aplicação de lamas de fábricas de papel (PMS) e referiram que, após a inoculação inicial de minhocas com lamas de papel, se estabeleceu um número considerável, biomassa e diversidade de minhocas, incluindo uma variedade de tipos ecológicos.

Gajalakshmi e Abbasi (2004) efectuaram um estudo interessante sobre o desempenho de quatro espécies de minhocas, *Eudrilus eugeniae*, *Drawida willsi*, *Lampito mauritii* e *Perionyx excavatus*, nascidas em vermireactores e alimentadas com resíduos de papel durante um período de seis meses. Foi relatado que todos os parâmetros melhoraram significativamente na segunda geração em comparação com a primeira (minhocas progenitoras criadas com estrume de vaca). Concluiu-se que os resíduos de papel misturados com estrume de vaca podem ser um alimento adequado para sucessivas gerações de minhocas e que os reactores podem funcionar indefinidamente com este alimento. No entanto, *a D. willsi* registou apenas um pequeno aumento neste aspeto.

Nath e Deb (2008) referiram que a vermicompostagem é uma técnica eficaz para a utilização de resíduos sólidos de fábricas de papel e para a criação de valor acrescentado.

Bisht *et al* (2010) efectuaram um estudo sobre as lamas de fábricas integradas de pasta de papel e papel. Uma mistura de lamas primárias e secundárias na proporção de 80:20 e 60:40 de fábricas integradas de pasta de papel e papel foi utilizada para compostagem separada com e sem alimentos e nutrientes. Verificou-se que uma mistura numa proporção de 80:20 com

Os alimentos e nutrientes revelaram-se muito úteis para a produção de composto com valor acrescentado.

Kaur *et al* (2010) descobriram que, embora as lamas de papel sejam uma boa fonte de carbono orgânico, não podem ser aplicadas diretamente nos campos, uma vez que são deficientes em outros nutrientes. Tem de ser misturada com estrume antes da compostagem, o que melhora as suas propriedades físicas e também aumenta a sua aceitabilidade pelas minhocas. Suriyanayanam *et al* (2010) efectuaram um estudo e referiram que as lamas de papel podem ser utilizadas como um bom agente de volume ou uma boa fonte de carbono para a compostagem.

Lazcano e Dominguez (2011) apresentam um estudo que investiga os efeitos diretos e indirectos do vermicomposto no crescimento das plantas e a variabilidade das respostas das plantas num ensaio de campo com milho doce.

Hemalatha (2012) efectuou um estudo para obter vermicomposto utilizando resíduos de fruta parcialmente decompostos e lamas das indústrias de papel e de curtumes. A cultura do microrganismo Pleurotus foi adicionada para melhorar o processo de decomposição.

Condições ideais para a vermicompostagem

A decomposição da matéria orgânica pelas minhocas depende das condições físico-químicas e do tipo de matéria orgânica, das condições ou factores óptimos do meio de cultura e do tipo de minhocas utilizadas. Verificou-se que uma série de condições ambientais desempenham um papel crucial no sucesso da vermicompostagem. A população de minhocas aumenta num meio adequado (alimento) sob condições físicas óptimas até que o alimento se torne um fator limitante. Apresenta-se de seguida uma breve descrição das condições para a vermicompostagem.

Seleção correta das espécies de minhocas:

Existem muitas espécies de minhocas que são adequadas para utilização em sistemas de estabilização de lamas. Como as taxas de crescimento e reprodução das minhocas são a forma de

Por conseguinte, a escolha correta da minhoca é um fator importante que pode influenciar a taxa de estabilização das lamas. Neuhauser *et al* (1988) utilizaram cinco espécies de minhocas para determinar a temperatura óptima de crescimento e reprodução em lamas desidratadas (10-12% de sólidos). Ele estimou a capacidade reprodutiva total de cada uma das quatro espécies (*D. veneta, E. eugenia, P. excavatus* e *P. hawayana*), sendo que *E. fetida* parece ser a espécie mais adequada para estudos de vermistificação.

Temperatura:

As minhocas são animais de sangue frio (poiquilotérmicos). Não toleram temperaturas demasiado baixas ou demasiado altas. A temperatura e a humidade desempenham um papel importante na distribuição e nas actividades sazonais das minhocas. Várias espécies de minhocas, especialmente as que vivem no solo, retiram-se para camadas mais profundas e entram em diapausa em condições climáticas extremas. Só se tornam activas e se reproduzem durante os meses de chuva e pós-chuva. As minhocas epígeas (vermicompostagem), pelo contrário, podem reproduzir-se durante todo o ano sem entrar em diapausa. ^{0}A maior parte das espécies de minhocas utilizadas na vermicompostagem requerem uma temperatura de 10-35 C. ^{0}Para a compostagem de minhocas, a temperatura moderada é de 30-35 C (Riggle e Holmes, 1994). Slocum (2002) demonstrou que as condições frias e húmidas são muito mais bem toleradas pelas minhocas do que as condições quentes e secas. No entanto, temperaturas extremas podem resultar numa elevada mortalidade se as camas de pragas não forem geridas corretamente.

Humidade:

As minhocas epigeicas necessitam de muita humidade para o seu crescimento e sobrevivência. Em geral, necessitam de humidade na ordem dos 60-75%. O solo não deve estar demasiado húmido, caso contrário podem desenvolver-se condições anaeróbicas que podem expulsar as minhocas da cama (Ronald *et*

É muito importante humedecer o material de cama seco antes de o adicionar ao sistema de compostagem de minhocas para que o teor de humidade geral seja equilibrado.

Valor do pH

No entanto, estudos mostraram que as minhocas se desenvolvem melhor em pH neutro (Ronald *et al.*, 1977). Edwards e Lofty (1976) descobriram que diferentes espécies de minhocas têm a sua própria sensibilidade ao pH e, em geral, a maioria delas consegue sobreviver numa gama de pH entre 4,5 e 9,0. A alteração do pH e da capacidade de tamponamento da folhada deve-se à decomposição da matéria orgânica através de uma série de reacções químicas. Foi sugerido que se evitasse a adição de resíduos demasiado ácidos (citrinos e outros resíduos de frutos ácidos). Foi também recomendado que se evitassem as gorduras (produtos lácteos) e os resíduos de carne, uma vez que promovem condições ácidas.

Ventilação:

As minhocas são animais terrestres. Precisam de ar para respirar, mas tal como os animais aquáticos, o seu tegumento desempenha um papel importante nas trocas gasosas. O ar (oxigénio) é dissolvido na camada líquida pegajosa na superfície do corpo e depois entra no corpo sob a forma dissolvida. Por conseguinte, é necessário um arejamento adequado para manter uma boa cultura de minhocas. Um bom arejamento e uma natureza solta do meio favorecem a livre circulação dos vermes epígeos, uma vez que estes não conseguem penetrar em substratos compactos.

Nutrientes, cama e relação C/N:

Tal como outros organismos, as minhocas também necessitam de um fornecimento completo de nutrientes (dieta equilibrada). O primeiro passo para a criação de um sistema de compostagem é o fornecimento regular de alimentos para as minhocas. Isto pode ser feito sob a forma de material rico em azoto, como estrume de cabras, gado e porcos. Se for utilizado material com um elevado teor de carbono (relação C/N superior a 40:1), os aditivos de azoto devem ser

para garantir uma decomposição efectiva. Do mesmo modo, os alimentos ricos em azoto deveriam ser misturados com materiais ricos em carbono para obter uma alimentação equilibrada. O intervalo ótimo para a relação C/N dos alimentos para parasitas deveria ser de 15 a 25. Dos resíduos consumidos pelas minhocas, 5 a 10 % são assimilados nos seus corpos e o resto é excretado sob a forma de resíduos ricos em nutrientes (Anónimo, 1998).

Sombreado e capa de edredão:

As minhocas têm uma reação fotonegativa, de modo que as camas vermi não devem ser expostas à luz solar direta. Mesmo à sombra, a parte superior da cama deve ser coberta com um saco de juta, uma rede de jardim ou folhas secas de plantas. A folha composta da palmeira-garrafa ou do coqueiro é uma cobertura de canteiro ideal. Os benefícios adicionais de uma cobertura são (1) manter a temperatura óptima na cama, (2) proteger as minhocas dos predadores.

Alterações físico-químicas dos resíduos orgânicos durante a vermicompostagem:-

Durante a vermicompostagem, os resíduos orgânicos sofrem várias alterações físico-químicas que são, em última análise, responsáveis pelo seu valor fertilizante. Alguns dos parâmetros mais importantes são discutidos na secção seguinte.

Valor do pH:

Durante a vermicompostagem, o pH diminui geralmente de um pH alcalino para um pH ácido ou neutro (Garg *et al.*, 2005). A mudança do pH para condições ácidas é atribuída à mineralização do azoto e do fósforo em nitritos/nitratos e ortofosfatos e à transformação biológica da matéria orgânica em tipos intermédios de ácidos orgânicos (Ndegwa *et al.*, 2000). As diferenças nas propriedades físico-químicas dos resíduos orgânicos podem levar à formação de diferentes intermediários, pelo que diferentes resíduos apresentam um comportamento diferente na mudança de pH. Haimi e Hutha (1986) postularam que o pH mais baixo do vermicomposto acabado se devia à produção de CO_2 e de ácidos orgânicos pelo

atividade microbiana durante o processo de bioconversão de diferentes substratos na alimentação das minhocas. No entanto, Datar *et al.* (1997) apresentaram resultados contraditórios. Registaram um aumento do pH durante a vermicompostagem. Gunadi e Edwards (2003) referiram que o pH da alimentação poderia ser o fator limitante para a sobrevivência e o crescimento de *Eisenia fetida.* Mitchell (1997) referiu que *a Eisenia fetida* não pode sobreviver em sólidos de gado com um pH de 9,5.

Teor de azoto:

O azoto encontra-se nos solos sob duas formas principais: (1) azoto orgânico e (2) azoto inorgânico. As plantas cobrem as suas necessidades de azoto a partir da fração inorgânica. A fração orgânica serve de reserva de azoto para a nutrição das plantas e só é libertada após a decomposição e mineralização da matéria orgânica. A maior parte do azoto nos solos (> 90 %) está presente na forma orgânica e apenas uma pequena proporção na forma inorgânica (Baruah e Barthakaur, 1997). Em condições normais, apenas 0,5 a 2,5 % do azoto total é convertido em formas disponíveis para as plantas. O azoto inorgânico, principalmente o nitrato e o amoníaco, são formas de azoto disponíveis que são utilizadas pelas plantas (Tan, 1996). O processo de vermicompostagem conduz a um aumento significativo do teor de azoto total dos alimentos após a atividade das minhocas. De acordo com Crawford (1983), o teor de azoto no vermicomposto depende do teor de azoto original da matéria-prima e do grau de decomposição.

Teor de fósforo:

O fósforo é mais importante para a maturação das plantas do que para o seu crescimento. A adição de fósforo ao vermicomposto também evita perdas de azoto através da volatilização de amoníaco (Martin e Gershuny, 1992). O teor de fósforo no vermicomposto é geralmente mais elevado do que no material original. Ghosh *et al.* (1999a) referiram que a vermicompostagem pode ser uma tecnologia eficiente para a conversão de fósforo indisponível.

de fósforo em formas facilmente disponíveis para as plantas. Satchell e Martin (1984) verificaram que o teor de fósforo das lamas de resíduos de papel aumentou em 25% após a atividade das minhocas. O aumento do teor de fósforo foi atribuído à ação direta das enzimas intestinais das minhocas e, indiretamente, à estimulação da microflora. Vinotha *et al.* (2000) também documentaram que a microflora presente no material de alimentação desempenha um papel importante no aumento do teor de fósforo das fezes das minhocas. De acordo com Lee (1992), parte do fósforo é convertido em formas disponíveis para as plantas quando o material orgânico passa pelo intestino da minhoca.

Teor de potássio:

O potássio é um elemento essencial para o crescimento das plantas. Juntamente com o azoto e o fósforo, é um dos nutrientes mais importantes para as plantas. O potássio é utilizado pelas plantas para muitos processos vitais, incluindo a produção e o transporte de açúcares e a divisão celular. É também necessário para o desenvolvimento das raízes e ajuda as plantas a armazenar água (Martin e Gershuny, 1992). Existem relatórios contraditórios sobre o teor de potássio no vermicomposto obtido a partir de diferentes matérias-primas. Delgado *et al.* (1995) registaram um teor mais elevado de potássio no vermicomposto de lamas de depuração, enquanto Orozco *et al.* (1996) registaram um teor mais baixo de potássio nos resíduos de café após vermicompostagem. Estas diferenças nas observações podem ser atribuídas à natureza química diferente dos materiais de origem. Isso pode ser devido à lixiviação do potássio pelo excesso de água desidratada pelos alimentos. Benitez *et al* (1999) relataram que o lixiviado coletado durante o processo de vermicompostagem tinha concentrações mais altas de potássio.

Interação entre minhocas e microrganismos

As minhocas e os microrganismos interagem estreitamente e as suas interações desempenham um papel importante nos ciclos biogeoquímicos do solo. Numerosos investigadores demonstraram a estreita relação entre as minhocas e os microrganismos, especialmente as bactérias. Esta relação pode desempenhar um papel importante na decomposição da matéria orgânica e na libertação de minerais (Edwards e Lofty, 1977; Lee, 1985). No entanto, não possuem mandíbulas, dentes ou outras ferramentas que lhes permitam engolir partículas sólidas de alimentos. As bactérias presentes no solo e no meio de cultura vêm em seu auxílio, digerindo parcialmente e amolecendo os alimentos sólidos, que podem ser facilmente ingeridos pelas minhocas juntamente com os microrganismos.

O sistema digestivo da minhoca é constituído por uma faringe, esófago e moela, seguidos de um intestino anterior que segrega enzimas e um intestino posterior que absorve nutrientes. Alguns dos microrganismos ingeridos são mortos durante a passagem pelo intestino, enquanto outros podem multiplicar-se no intestino (Yeates, 1981). Os microrganismos ingeridos podem ter um dos seguintes destinos: (1) os microrganismos ingeridos são mortos durante a passagem intestinal e servem como fonte de nutrientes, (2) podem formar uma associação oportunista com as minhocas e fornecer alguns benefícios metabólicos (como vitaminas, minerais, enzimas digestivas) ao seu hospedeiro, (3) podem exercer uma influência nociva e tóxica na vida das minhocas, (4) podem ser verdadeiros simbiontes, uma vez que formam populações estáveis e desempenham um papel crucial na nutrição do hospedeiro, promovendo a aquisição, síntese ou degradação de metabolitos (Moran, 2006).O intestino das minhocas serve de bioreactor para o crescimento e a proliferação de microrganismos simbióticos. Esta microflora simbiótica ajuda as minhocas a digerir os alimentos antes e depois da ingestão. À medida que passam pelo sistema digestivo, o seu número aumenta dramaticamente, até 1000 vezes. Anstett (1951) demonstrou que *a E. fetida* estimula a decomposição microbiana no solo. Foi relatado que as bactérias celulolíticas e lignolíticas

A microflora funciona como um simbionte e está envolvida na formação de celulose e lignina nas minhocas e nos solos trabalhados por minhocas (Kale e Bano, 1991). Foi também demonstrado que a parte anterior do intestino (envolvida na secreção de enzimas e na digestão de nutrientes) é mais colonizada por micróbios do que as outras zonas.

Capítulo 3

Materiais e métodos

thA importância das minhocas para a gestão dos resíduos sólidos, a proteção do ambiente, o desenvolvimento socioeconómico, a agricultura biológica e o desenvolvimento sustentável global foi reconhecida e foi inaugurado um centro de vermicompostagem em 5 de junho de 2005 em Charak Udyan da Universidade de Jiwaji em Gwalior ( ). Os principais objectivos eram os seguintes

1. Iniciar a biotransformação dos resíduos orgânicos do campus através da vermicompostagem.
2. Promover e apoiar instalações de compostagem de minhocas em pequena escala no campus e noutros locais.
3. Organização de programas de sensibilização e de formação para estudantes, donas de casa, varredores e agricultores no domínio da gestão dos resíduos sólidos através da vermicompostagem.
4. oferecer aos estudantes e investigadores uma plataforma para os seus projectos e trabalhos de investigação.
5. Estabelecer um modelo ideal e autossustentável de vermicompostagem que possa servir como fonte de motivação para outros.

Os resíduos verdes (cortes de plantas, folhas, flores, frutos, cortes de relva, etc.) do campus são recolhidos, misturados com estrume de gado e vários aditivos e transformados em vermicomposto de alta qualidade. Além disso, uma variedade de resíduos (resíduos de cozinha, resíduos de cana-de-açúcar, resíduos de templos, resíduos de abrigos de animais, lamas de esgotos, ervas daninhas, resíduos de ervilhas, etc.) é recolhida de várias fontes e analisada por estudantes para as suas teses de mestrado, mestrado em ciências e doutoramento. Três espécies de minhocas, o anelídeo vermelho *(Eisenia fetida)*, a minhoca gigante africana *(Eudrilus eugeniae)* e a minhoca tropical *(Perionix excavatus)* são utilizadas para a vermicompostagem.

O presente trabalho de investigação "A Study on Vermicomposting of paper waste using *Eudrilus eugeniae* and effect of some additives" foi realizado para estudar a eficiência deste verme (*Eudrilus eugeniae*) na vermicompostagem de resíduos de papel e o efeito de alguns aditivos na produtividade líquida da vermicompostagem. Todas as experiências foram realizadas na cabana vermi do centro de vermicompostagem, Charak Udyan, Universidade de Jiwaji, Gwalior (Fig. 1).

3.1 Triturador de documentos: - Triturador de documentos Le Reyon, modelo 10-11 folhas era
obtidas junto de um fornecedor científico local (Fig. 1).

3.2 Recolha de estrume de bovino: - O estrume fresco de bovino foi obtido numa exploração leiteira de búfalos local.

3.3 Recolha de resíduos de papel: - Os resíduos de papel (folhas A4) foram retirados do escritório do departamento e dos laboratórios de investigação e cortados em pequenos pedaços utilizando uma trituradora de papel. Foram também adquiridas trituradoras de papel junto de comerciantes de fruta locais (que as recebem como material de embalagem para fruta).

3.4 Ciclo de vida

Antes de iniciar o trabalho efetivo de vermicompostagem de resíduos de papel, considerou-se necessário investigar o ciclo de vida de *E. eugeniae*. Os vermes adultos individuais foram mantidos em pequenos vasos de barro (200 ml) em vermicomposto fresco e húmido, e os casulos recém-colocados foram separados. A eclosão dos casulos foi monitorizada e estes foram alimentados com uma mistura de estrume de vaca e folhagem. Foram monitorizados parâmetros como o início da produção de casulos, a taxa de produção de casulos, o tempo de incubação, a taxa de crescimento e o número de recém-nascidos.

3.5 Manutenção da cultura de minhocas

No centro de vermicompostagem em Charak Udhyan da Universidade de Jiwaji, Gwalior, as três espécies de minhocas acima mencionadas são utilizadas com sucesso para a vermicompostagem. Para o presente estudo, foram preparadas camas vermi separadas com estrume de gado com dez dias de idade para a cultura em massa de *Eudrilus eugeniae*. A cultura foi constantemente monitorizada durante todo o período de estudo, pulverizando água de vez em quando para manter o teor de humidade de 60-70%, uma vez que o teor de humidade é um fator importante na compostagem.
é considerado um fator importante a ser controlado durante a compostagem, uma vez que influencia as propriedades estruturais e térmicas do material, a taxa de biodegradação e as propriedades metabólicas dos micróbios no meio. As minhocas cliteladas maduras foram retiradas desta cultura de reserva para fins experimentais.

3.6 Tentativa preliminar

Foi efectuado um teste preliminar para determinar a proporção de estrume e de resíduos de papel que é favorável à sobrevivência das minhocas. . Para descobrir a relação favorável, os dois materiais foram misturados em diferentes proporções, um certo número de minhocas adultas foi libertado após um período de pré-compostagem de 15 dias e as culturas foram mantidas durante um mês. Em seguida, o número de minhocas, incluindo minhocas adultas, juvenis e bebés e casulos não eclodidos, foi contado e o índice de bio-número foi calculado através da soma de todos os números. O desempenho do meio de resíduos foi avaliado com base no índice de biocontagens.

3.7 Instalação experimental:

Neste estudo, foram efectuadas duas séries de experiências. Em primeiro lugar, foi efectuada uma experiência de escolha livre para investigar a preferência das minhocas e foi efectuada uma combinação de substratos relativamente diferente (experiência de compostagem).

3.7.1 Experiência de livre escolha:

A fim de determinar as preferências das minhocas pelos meios de cultura, foi efectuada uma experiência de escolha livre em tanques de cerâmica com 65x45x20 cm. O tanque era
em quatro câmaras de igual dimensão, dispostas em torno de uma câmara central (recipiente de plástico perfurado) utilizando prateleiras térmicas. As prateleiras térmicas eram
A primeira câmara (A) foi enchida com uma mistura de estrume e papel picado (controlo). A primeira câmara (A) foi enchida com uma mistura de estrume e papel picado pré-diluída com água simples (controlo), a câmara (B) foi enchida com estrume e papel picado pré-diluídos com uma solução de leitelho e açúcar de cana, a câmara (C) foi enchida com uma mistura de estrume e papel picado que foi pré-composta pela adição de vermífugo, e a câmara (D) foi enchida com uma mistura de estrume e papel picado que foi pré-composta com uma solução de *Trichoderma harzianum* em água. A quantidade de meio foi mantida constante em todas as quatro câmaras (3 kg). A câmara central foi cheia com

100 minhocas adultas e toda a instalação foi coberta com uma rede de milho de jardim. As minhocas eram livres de migrar e de se dispersar num dos meios à sua escolha. A experiência foi repetida três vezes e os resultados foram registados após 15 dias através da contagem das minhocas e do cálculo da distribuição percentual das minhocas em cada câmara (Fig. 2).

3.7.2 Experiência de compostagem:

Neste estudo, foram realizadas quatro experiências de compostagem (em triplicado) utilizando diferentes aditivos indígenas como melhoradores em recipientes de plástico de 50 x 33 x 14 cm, todas as experiências exceto a primeira que foi realizada de forma controlada (Quadro 1). As experiências foram realizadas na cabana de vermicomposto no Jardim Charak da Universidade de Jiwaji, Gwalior, para evitar o risco de predação.
e chuva (Fig. 3 e Fig. 4).

Configuração inicial (verificar)

Nesta experiência, 1,5 kg de estrume foi cuidadosamente misturado com 1,5 kg de papel triturado (1:1) e vertido nos recipientes de plástico. O estrume foi monitorizado durante 15 dias para manter a humidade e a temperatura necessárias, uma vez que estes dois factores são importantes para a sobrevivência e o crescimento das minhocas.

Segunda instalação

Nesta experiência, 1,5 kg de estrume foi cuidadosamente misturado com 1,5 kg de papel triturado e colocado nos recipientes de plástico durante 15 dias para pré-decomposição. Durante este período, foi monitorizado para manter a humidade e a temperatura necessárias. Estes recipientes foram polvilhados com uma solução de açúcar de cana e leitelho. O leitelho é o líquido que sobra da batedura das natas. O sabor azedo do leitelho deve-se à acidez do leite. O aumento da acidez deve-se principalmente às bactérias do ácido lático que fermentam a lactose, o principal açúcar. À medida que as bactérias produzem ácido lático, o valor do pH do leite desce e a caseína, a principal proteína do leite, precipita, fazendo com que o leite coalhe. A turvação do leitelho foi medida com um turbidímetro e foi encontrada a 450 NTU. Esta solução foi cuidadosamente pulverizada sobre os recipientes da segunda experiência e cuidadosamente misturada.

Terceira instalação

Nesta experiência, 1,5 kg de estrume foi misturado com 1,5 kg de papel triturado e depois colocado nos recipientes e pulverizado com vermífugo durante 15 dias,
que aumenta a taxa de decomposição e.

Quarta instalação

Nesta experiência, 1,5 kg de estrume foi misturado com 1,5 kg de papel picado e colocado em recipientes de plástico aos quais foi adicionada uma solução de pó *de Trichoderma* harzianum para decompor rapidamente a mistura.

Após 15 dias, 25 minhocas adultas, maduras e cliteladas foram retiradas da cultura de reserva e colocadas uniformemente no topo dos recipientes das quatro experiências. Os recipientes de cultura foram cobertos com um pano de jardim durante um período de 60 dias para manter a temperatura, uma vez que a temperatura é outro parâmetro importante que afecta a atividade microbiana e as suas flutuações podem afetar as diferentes fases da compostagem (Epstein 1997; McKinley *et al.*, 1985), e também para os proteger de predadores, e as instalações experimentais também foram monitorizadas diariamente para manter um teor de humidade adequado.

thAs observações foram efectuadas durante 60 dias. As fezes das minhocas ou o composto de minhoca foram secos à sombra durante 5 dias e separados por peneiração. Compostagem.

Quadro 1: Pormenores da experiência de compostagem com uma mistura de substrato de estrume e papel (1:1), que foi sujeita a diferentes tratamentos durante os 15 dias de pré-compostagem e os 60 dias subsequentes de compostagem

S.No.	Container	Additive Formulation	No. of worms used	Observations
1.	Control	None	25	Number and weight of adult and juvenile worms, No. and weight of cocoons. Degree of composting, Physico-chemical analysis of compost
2.	Additive I	Jaggery 250 gm and 300 gm Buttermilk in 5 litre of water		
3.	Additive II	3 gm of *Trichoderma* in water (5 ltr)		
4.	Additive III	Freshly prepared Vermiwash with a dilution of 1:2		

3.8 Análise físico-química

As amostras de vermicomposto obtidas a partir de várias combinações de substratos

foram utilizados para determinar vários parâmetros físico-químicos, tais como a condutividade eléctrica, o valor do pH e os valores NPK. A observação inclui, portanto, os seguintes parâmetros e a análise destes parâmetros experimentais é efectuada com referência à experiência controlada:

(A) Valor do pH:

Para determinar o valor do pH, 25 g de composto de minhoca foram colocados num balão volumétrico e a amostra foi dissolvida em 100 ml de água destilada. Após 10 minutos, a solução foi filtrada com papel de filtro Whatman n.º 1. 1. O pH do filtrado foi então analisado com um medidor de pH digital (Sonal, 2006).

(B) Determinação da condutividade eléctrica:

Recolher a amostra utilizada acima ou preparar outra amostra da mesma forma. Pegue num condutivímetro e calibre-o com uma solução padrão de cloreto de potássio. Pegar no copo com a amostra dissolvida e mergulhar o elétrodo na mesma. Anotar o valor medido no visor.

(C) Determinação do azoto total:

O azoto total foi determinado pelo método de Kjeldahl (Black e Neely, 1975). Este método envolve essencialmente a digestão da amostra e a determinação do azoto total na digestão.

Digestão da amostra

Foi utilizado um método de digestão ácida para digerir as amostras de vermicomposto. Neste método, 5 g de vermicomposto foram colocados num balão volumétrico e foram adicionados 20 ml de H2SO4 concentrado. Pouco depois, foram adicionados 5 ml de peróxido de hidrogénio a 30% para minimizar a formação de espuma. Quando se adicionou H2SO4, o conteúdo do tubo mudou de cor, passando de castanho escuro a preto. Após a adição de H2so4, o conteúdo tornou-se muito claro ou mesmo incolor.

Determinação do azoto total na digestão

Para determinar o azoto total na digestão, adicionaram-se 50 ml de água destilada à digestão após arrefecimento. Esta solução foi transferida para um balão de destilação de 1 litro para destilação e o destilado foi recolhido num balão contendo 25 ml de ácido bórico + indicador misto. Esta mistura foi titulada com 0,1 n HCL. O ensaio em branco foi efectuado com
ser efectuadas da mesma forma.
O teor de azoto total foi estimado pela seguinte fórmula

$$\text{Azoto total} = \frac{(A-B) \times N \text{ of HCL} \times 1.4 \times V1 \times 1000}{V \times S \times 1400}$$

A= Volume de HCL utilizado para a titulação da amostra
B=volume de HCL utilizado para a titulação em branco
V= Volume de toda a digestão
S=Peso do vermicomposto em gm
V1 = volume do destilado utilizado na titulação

(D)Determinação do fósforo total

O teor de fósforo do vermicomposto foi estimado utilizando um método espetrofotométrico, que também inclui uma digestão e a determinação do fósforo total na digestão.

Digestão triacídica da amostra

Colocaram-se cinco gramas de vermicomposto num balão volumétrico de 100 ml, adicionaram-se 10 ml de uma mistura triácida de HNo3: H2So4: Hclo4 (9:4:1) e misturou-se o conteúdo do balão por agitação. O balão foi então colocado numa placa de aquecimento a baixa temperatura numa câmara de digestão e aquecido até o líquido se tornar incolor. **Determinação do fósforo na digestão**

Num balão volumétrico, adicionaram-se 5 ml de digerido e 10 ml de água destilada e completou-se com 25 ml de água destilada. A esta mistura, adicionou-se sucessivamente 1 ml de solução de molibadato de amónio e 3 gotas de solução de cloreto estanoso. Após 10 minutos, surge uma cor azul e a absorvância é medida com um espetrofotómetro a 690 nm. A quantidade de fósforo foi medida com um
Curva-padrão preparada com concentrações em série de hidrogénio de potássio anidro FosfatoPara preparar a solução de molibdato de amónio, misturam-se duas soluções e dilui-se para 1 litro:

a. Dissolver 25 g de molibdato de amónio em 175 ml de água destilada.
b. Misturam-se 280 ml de H2So4 concentrado com 400 ml de água destilada.

Para preparar a solução de cloreto estanoso, dissolveram-se 2,5 g de cloreto estanoso em 100 ml de glicerol, batendo no banho-maria para obter uma dissolução rápida.

(E) Determinação do potássio total: -

O potássio foi determinado por um método fotométrico de chama em que a amostra foi digerida e o potássio foi determinado.

Amostra da digestão triácida

A digestão da amostra para a determinação do fósforo total foi exatamente a mesma. Colocaram-se 5 g de composto de minhocas num balão volumétrico de 100 ml, adicionaram-se 10 ml de uma mistura triácida de HNO_3:H_2SO_4:HCLO4 (9:4:1) e misturou-se o conteúdo do balão por agitação. O balão foi então colocado numa placa de aquecimento a baixa temperatura numa câmara de digestão e aquecido até o líquido se tornar incolor.

Capítulo 4

Resultados

O presente estudo intitulado "Estudo do efeito de alguns aditivos na vermicompostagem de resíduos de papel utilizando *Eudrilus eugeniae*" foi realizado com o objetivo de demonstrar a adequação dos resíduos de papel como meio adequado para as minhocas e a influência de alguns aditivos, tais como (1) *Trichoderma herzianum*, (2) Vermiwash e (3) Jaggery + leitelho

No início do estudo, foi preparado um tanque vermífugo separado no qual a cultura de reserva de *Eudrilus eugeniae* foi mantida no centro de vermicompostagem em Charak Udyan, Universidade de Jiwaji, Gwalior. A cultura foi monitorizada regularmente, mantendo o teor de humidade e outras condições favoráveis. As minhocas para investigações posteriores foram retiradas desta cultura de reserva.

4. 1Ciclo de vida de *E. eugeniae*

Os vermes adultos individuais foram mantidos em pequenos vasos de barro (200 ml) em composto de minhoca fresco e húmido, e os casulos acabados de colocar foram separados. Os casulos foram então mantidos nesses vasos e alimentados com estrume de vaca e folhagem, e o período de incubação (eclosão) foi observado diariamente. Os vermes juvenis eclodidos foram mantidos da mesma forma até à maturidade (desenvolvimento do clitelo) e foram efectuadas observações (Quadro 2) (Fig. 5).

Quadro 2: Ilustração dos vários acontecimentos durante o ciclo de vida de *Eudrilus eugeniae*

Mode of reproduction	Sexual
Clitellum development(Maturity)	30.66±0.79
Initiation of cocoon production (days)	6.5±0.42
Rate of cocoon production (per day)	1.16±0.08
Incubation period(Days)	11.66±0.33
Growth rate (mg/worm/day)	6.16±0.33
No. of juvenile emerging / cocoon (average)	1.70±0.08

Os valores são valores médios de 5 observações ± SE

4. 2Teste preliminar

As observações efectuadas durante o estudo preliminar são apresentadas no quadro 3.

As observações mostram que o estrume, por si só, foi o meio mais eficaz para as minhocas, como mostra o índice mais elevado de biocontagens/minhocas. O meio menos adequado para as minhocas foram os resíduos de papel.

Os dados mostram claramente que a mistura de estrume e resíduos de papel, em que a proporção de estrume é maior, é o melhor meio. No entanto, o principal objetivo do nosso estudo era a reciclagem de resíduos de papel através da vermicompostagem. Das misturas de resíduos de papel e estrume, em que a proporção de resíduos de papel era maior, a mistura 1:1 (resíduos de papel: estrume de vaca) foi a mais adequada. Por esta razão, foi selecionada para novos ensaios.

Quadro 3: Número de minhocas (adultas + bebés) e casulos após 30 dias de cultura de *Eudrilus eugeniae* em combinações isoladas e diferentes de dois meios de resíduos.

S.No.	Waste medium	Initial no. of worms	No. of worms after 30 days			No. of cocoons	Bionumber index/worm
			Adult	juvenile	Babyworm		
1.	Paper only	25	05	0	0	08	0.52
2.	Dung only	25	35	28	12	48	4.92
3.	Dung + Paper (1:1)	25	26	22	14	42	4.16
4.	Dung + Paper (2:1)	25	27	24	14	45	4.40
5.	Dung + Paper (3:1)	25	30	26	12	47	4.60
6.	Dung + Paper (1:2)	25	21	20	15	36	3.68
7.	Dung + Paper (1:3)	25	15	16	10	27	2.72

4. 3 Experiência de escolha livre:

Foi realizada uma experiência de escolha livre para determinar a preferência das minhocas por material de cama tratado de forma diferente (proporção 1:1 de estrume e papel). O número máximo (35%) de minhocas preferiu o meio contendo tratados com *Trichoderma* durante o período experimental de 15 anos, seguido pelo meio tratado com vermífugo, que foi favorecido em 28%. Seguiram-se o açúcar de cana e o leitelho, preferidos por 21%. O meio menos preferido foi o meio de controlo, preferido por 17%.

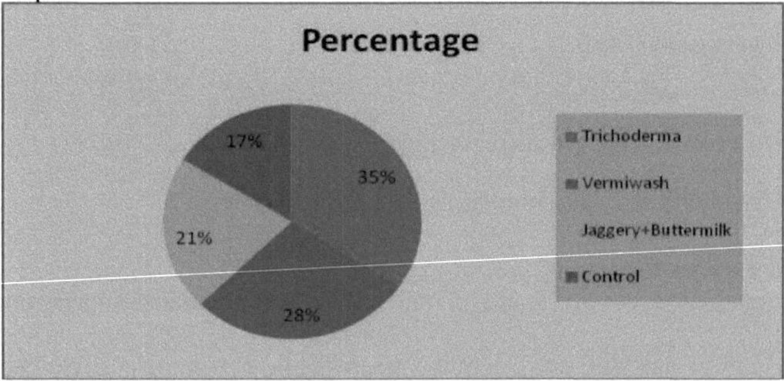

Fig. 6: Ilustração da preferência relativa das minhocas por meios tratados de forma diferente

4.4 Experiência de compostagem

O ensaio principal de compostagem foi realizado numa série de contentores de plástico, cada um cheio com 3 kg de material (proporção 1:1 de estrume e papel) e tratado três vezes com três aditivos (*Trichoderma,* Vermiwash e Jaggery + Buttermilk). Três recipientes foram mantidos como controlo sem tratamento. Após um período de pré-decomposição de 20 dias, foram libertadas 25 minhocas adultas. Após dois meses, os resultados foram registados.

Durante o período experimental de 60 dias, foi alcançado um aumento significativo no número e peso de minhocas adultas, no número de casulos e juvenis e numa boa quantidade de composto de qualidade. Isto indica que todos os aditivos têm um efeito sobre a

pré-decomposição e eram adequados para o crescimento e a propagação *de*

Eudrilus

eugeniae.

Os resultados médios relativos ao número de adultos, casulos e juvenis são apresentados no quadro 4. Os resultados relativos ao peso dos adultos, casulos e juvenis são apresentados no quadro 5. A partir dos valores registados para o número e o peso dos adultos, casulos e juvenis, foram calculados os valores para o aumento percentual dos adultos, o aumento percentual do número total (crescimento da população), o aumento percentual da biomassa dos adultos e o aumento percentual da biomassa total (produção de biomassa) (Figs. 7 e 8).

Após 60 dias, quando o composto foi preparado e os resultados registados, verificou-se um aumento significativo do número de minhocas adultas em todos os silos. O maior aumento foi registado nos contentores que continham *Trichoderma* como promotor de decomposição (25 a 50,33, ou seja, 101%).

Quadro 4: Número de adultos, casulos e juvenis nos substratos tratados com diferentes aditivos

S.No	Treatment	Initial No	Final no.	No. of cocoons	No. of juveniles + Baby worms
1	Control	25	40.33±0.88	71.66±1.45	83.33±1.20
2	Jaggery+Buttermilk	25	43.00±1.15	76.33±1.76	92.33±1.75
3	Vermiwash	25	46.00±1.00	80.33±2.02	102.00±2.08
4	*Trichoderma*	25	50.33±1.45	90.00±1.15	119.00±1.52

Quadro 5: Peso de adultos, casulos e juvenis em substrato tratado com vários aditivos

S. No	Treatment	Initial weight	Final weight	Weight of cocoons	Weight of juveniles
1	Control	34.66±0.88	63.00±1.15	0.98±0.01	8.36±0.02
2	Jaggery+buttermilk	34.33±1.15	65.66±0.88	1.04±0.02	9.32±0.05
3	Vermiwash	35.66±0.88	74.33±0.87	1.096±0.04	10.27±0.03
4	*Trichoderma*	33.66±0.88	81.66±1.17	1.27±0.02	12.05±0.04

Seguiram-se os silos com vermiwash como melhorador (25 a 46, ou seja, 84%), jaggery+buttermilk como melhorador (25 a 43, ou seja, 72%) e o menor aumento foi observado nos silos sem melhorador (controlo) (25 a 40,33, ou seja,

61%). O aumento máximo da biomassa (peso) foi observado nos silos com Trichoderma como melhorador (33,66 a 81,66, ou seja, 142%). Seguiu-se o meio tratado com jaggery+buttermilk (32.00 a 69.66 i.e. 117%), que por sua vez foi seguido pelo meio tratado com vermiwash (35.66 a 74.33 i.e. 108%), enquanto que os contentores (controlo) sem aditivo (90%) mostraram o menor aumento. O aumento máximo foi registado nos recipientes com Trichoderma como aditivo (937%) seguido de vermiwash (813%) e jaggery + buttermilk (746%). O crescimento mínimo da população foi registado no controlo (681%).

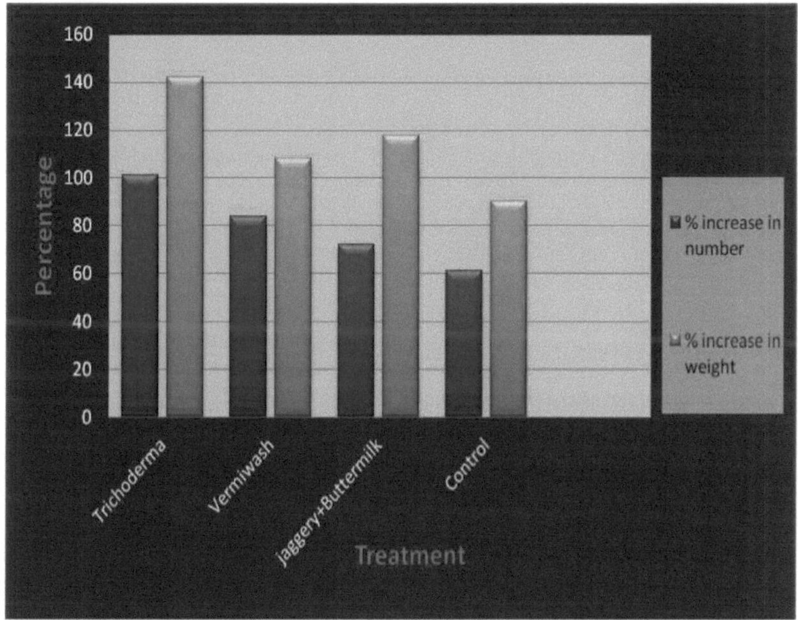

Fig. 7: Aumento percentual do número e do peso dos animais adultos nos meios tratados com vários aditivos

A produção percentual de biomassa também foi registada em todos os meios tratados e também no controlo. A maior produção de biomassa foi registada no meio tratado com Trichoderma (182%). Seguiu-se o vermiwash (140%) e o jaggery + buttermilk (121%). O menor aumento na produção percentual de biomassa foi registado nos recipientes não tratados (108%).

O conteúdo de todos os contentores foi esvaziado e o composto de minhocas obtido foi peneirado. O composto obtido foi pesado e o respetivo grau de compostagem foi calculado. O maior grau de compostagem foi observado no meio tratado com Trichoderma (59 %), seguido pelo meio tratado com Vermiwash (50 %), e o meio tratado com jaggery+soro de leite coalhado (45%). O menor grau de compostagem foi observado no controlo (42%).

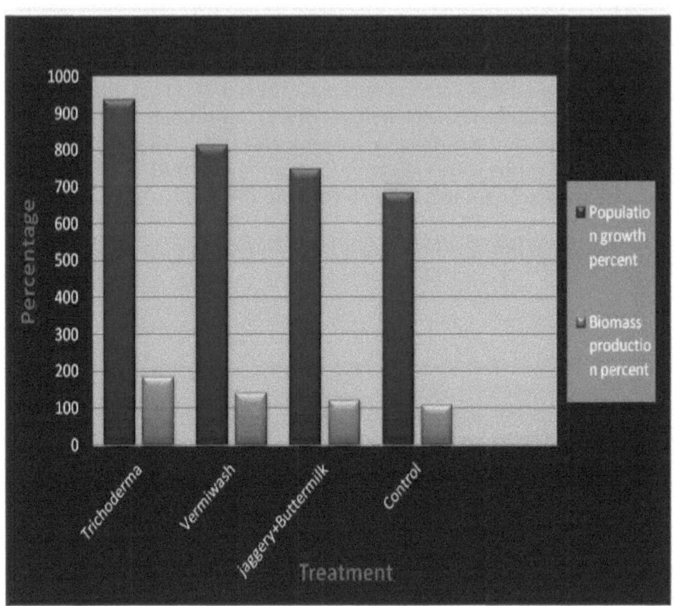

Fig. 8: Aumento percentual do número e do peso dos animais adultos nos meios tratados com vários aditivos

Quadro 5: Ilustração do grau de compostagem dos meios tratados de forma diferente

S.No.	Treatment	Degree of composting
1	Control	42%
2	Jaggery+buttermilk	45%
3	Vermiwash	50%
4	*Trichoderma*	59%

Depois de registar todos estes parâmetros, verificou-se que o aumento percentual do número, o aumento percentual do peso, o aumento percentual do crescimento da população e o aumento percentual da produção de biomassa foram mais elevados para os meios tratados com Trichoderma, com 101%, 142%, 937% e 182%, respetivamente. Os valores destes parâmetros para o meio tratado com Vermiwash foram 84%, 117%, 813% e 140%. Os valores registados destes parâmetros para o meio tratado com

Jagggery+buttermilk e para o meio não tratado foram 72%, 108%, 746%, 140% e 61%, 90%, 680%, 120%, respetivamente.

4.5 Classificação de percentil

Foi calculada uma pontuação Pecentile para todos os meios, a fim de determinar a eficiência global e o efeito global. Este resultado foi determinado pela soma de todos os parâmetros. O meio com a pontuação mais elevada foi equiparado a 100 por cento. Foi calculada a pontuação percentual dos outros substratos.

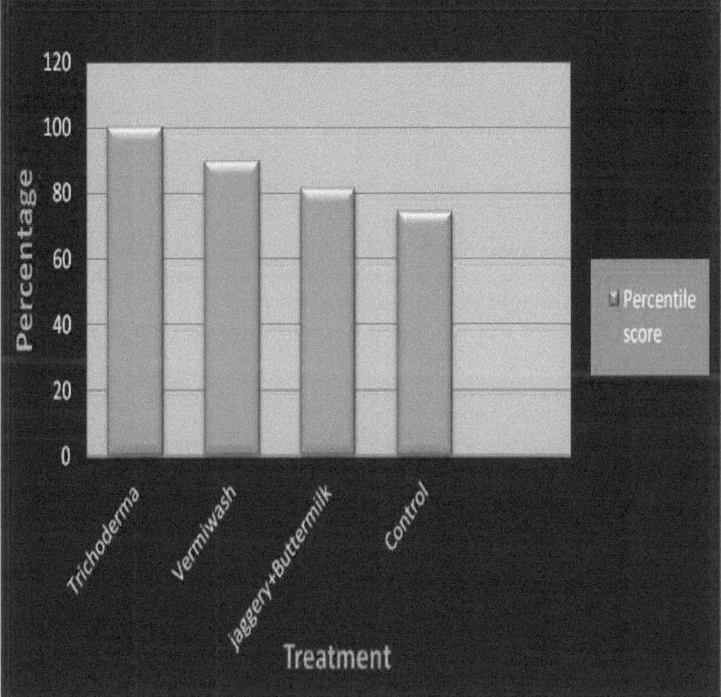

Fig. 9: Ilustração dos valores percentuais líquidos da vermicompostagem de diferentes meios tratados com diferentes aditivos

A avaliação percentual dos diferentes suportes foi efectuada por esta ordem:

Trichoderma > vermiwash > jaggery+ buttermilk > controlo (sem tratamento).

4.6 Análise físico-química

Os resultados da análise físico-química do vermicomposto obtido a partir de substratos tratados de forma diferente e do controlo são apresentados na Tabela 6. O pH mais elevado (7,6) foi observado no meio tratado com vermífugo, seguido de açúcar de cana + leitelho (7,5) e açúcar de cana + leitelho (7,5), enquanto o pH mais baixo foi registado no controlo (7,3) (Figura 4). Os valores da condutividade eléctrica para o composto dos diferentes tratamentos foram Trichoderma (0,50), vermiwash (0,36), jaggery+buttermilk (0,70) e controlo/sem tratamento (0,85) (Figura 10).

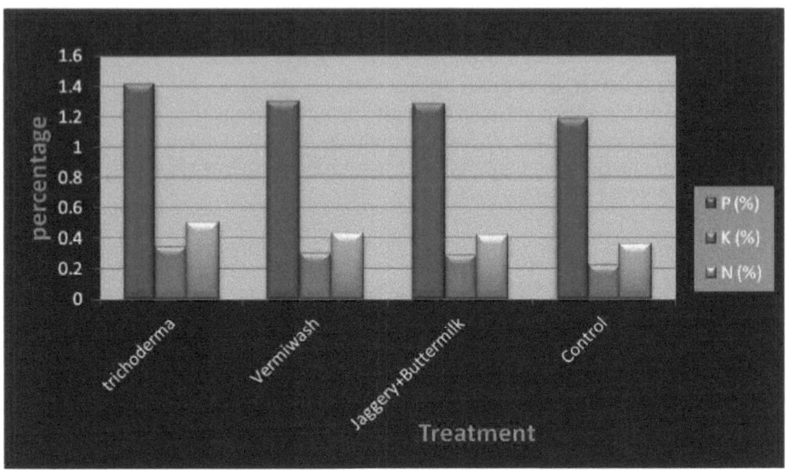

Fig. 10: Percentagem de azoto, potássio e fósforo no vermicomposto de diferentes meios tratados com diferentes aditivos

Quadro 6: Parâmetros físico-químicos dos substratos tratados de forma diferente

S.NO.	Treatment	pH	EC(dS/m)	N (%)	P (%)	K (%)
1.	**Control**	7.3	0.85	0.36	1.18	0.22
2.	**Jaggery+Buttermilk**	7.5	0.70	0.42	1.28	0.29
3.	**Vermiwash**	7.6	0.50	0.43	1.30	0.30
4.	***Trichoderma***	7.5	0.36	0.50	1.41	0.34

O teor percentual de azoto no composto dos diferentes tratamentos foi de 0,50 %, 0,43 %, 0,41 % e 0,36 % para Trichoderma, Vermiwash, Jaggery + Buttermilk e controlo, respetivamente (Fig. 10).

O conteúdo de fósforo e potássio nos diferentes tratamentos também foi analisado. O teor mais elevado de fósforo foi observado em Trichoderma (1,41%), seguido de vermiwash (1,30%), jaggery + leitelho (1,28%) e controlo (1,18%).

O teor de potássio foi também mais elevado no composto tratado com Trichoderma (0,34 %). O composto tratado com Vermiwash tinha um teor de potássio de 0,30 %. O teor mais baixo de potássio foi encontrado no grupo de controlo (0,19 %), no qual não foi adicionado qualquer aditivo.

Capítulo 5

DISCUSSÃO

Devido à crescente consciencialização da natureza perigosa dos resíduos orgânicos e do seu potencial como fonte de alguns produtos finais úteis, a atenção está a ser colocada na sua

Reciclagem, especialmente através da compostagem e vermicompostagem, que convertem os resíduos em fertilizantes orgânicos ricos em nutrientes para as plantas e húmus. As bactérias aeróbias são úteis para a compostagem de resíduos e, recentemente, foi referido que a adição de minhocas epígeas melhora significativamente o processo de biodegradação e bioestabilização. Alguns dos resíduos (estrume de gado) são adequados para a criação de minhocas (vermicompostagem) e não é necessário misturar outros materiais com eles. No entanto, devem também ser submetidos a um processo de pré-apodrecimento durante cerca de 15 dias. °Durante este período, o meio é aquecido pelas actividades das bactérias anaeróbias (até 50 C), seguido de um arrefecimento gradual devido ao arejamento e humidade abundantes, resultando em

As bactérias anaeróbias são suprimidas e as bactérias aeróbias tornam-se activas e começam a decompor a biomassa dos resíduos. Foi demonstrado que as espécies de minhocas epigeicas requerem resíduos pré-compostados (Lee, 1985). Assim, a vermicompostagem inclui tanto a compostagem como a vermicompostagem (Frederickson *et al.*, 1997; Nedgwa e Thompson, 2001). Loquet *et al.* (1984) demonstraram que a microflora presente no intestino das minhocas e nos resíduos tem um efeito celulolítico e lignolítico até um certo grau. As minhocas são capazes de digerir cadeias longas de polissacáridos, o que favorece a colonização microbiana. Ao mesmo tempo, a estrutura da lenhina altera-se, provavelmente devido à oxidação microbiana e à desmetilação. A clivagem microbiana dos anéis aromáticos da lenhina dá origem a novos polissacáridos e substâncias húmicas na matéria orgânica (Beyer *et al.*, 1993).

Vários estudos mostraram que a vermicompostagem de resíduos orgânicos acelera a estabilização da matéria orgânica (Neuhauser *et al.*, 1988; Frederickson *et al.*, 1997) e fornece um produto final útil (vermicomposto) rico em elementos quelantes e fito-hormonais (Tomati *et al.*, 1995) e com um elevado teor de agentes microbianos e substâncias húmicas estabilizadas (Ferruzi, 1986). Vários investigadores estudaram e sublinharam o papel das bactérias simbióticas na vida das minhocas em geral e das minhocas vermicompostoras em particular.

Flack e Hartenstein (1984) demonstraram o papel positivo de *Azotobacter* para as minhocas. Vários estudos mostraram que as minhocas utilizam microrganismos nos seus substratos como fonte de alimento e podem digeri-los seletivamente (Edwards, 1988; Edwards e Bohlen, 1996). O aumento do crescimento das minhocas também pode ser atribuído a um baixo rácio C:N (Nedgwa e Thompson, 2000) do substrato pré-decomposto e ao papel positivo da comunidade microbiana. Algumas bactérias, como a *Azotobacter,* parecem

desempenham um duplo papel, ou seja, são utilizados como alimento e enriquecem o substrato com azoto através da fixação de azoto.

Há uma série de resíduos que requerem um período mais longo de biodegradação (pré-decomposição) por bioinoculantes naturais e precisam de ser misturados com outros resíduos adequados para os tornar palatáveis e assimiláveis pelas minhocas, e também precisam de ser enriquecidos por outros bioinoculantes (exógenos). Estes resíduos contêm uma grande quantidade de carbono (polissacáridos) e não podem ser utilizados pelas minhocas. Elas dependem da ajuda de outros microorganismos. Seria desejável encurtar o tempo de pré-decomposição dos resíduos a compostar através de uma seleção eficiente das espécies de minhocas. Isto poderia ser conseguido através do tratamento inicial dos resíduos com certos bioinoculantes eficazes.

Singh e Sharma (2002) estudaram em pormenor a compostagem de resíduos de culturas por tratamento com microrganismos e subsequente vermicompostagem. Três fungos *Pleurotus Sajorcaju*, *Trichoderma harzianum* e *Aspergillus niger* e *Azotobacter chroococcum* foram selecionados para o tratamento da palha de trigo durante a pré-decomposição. Foi relatado que o período de pré-decomposição e vermicompostagem foi encurtado e a quantidade de celulose, hemicelulose e lignina diminuiu significativamente durante a pré-decomposição e a vermicompostagem subsequente. A produção de enzimas que degradam a celulose, a hemicelulose e a lignina pelos micróbios inoculados durante a pré-decomposição pode ter acelerado o processo de degradação. O composto produzido em todos os tratamentos, e em particular o composto em que foram utilizados os quatro bioinoculantes, era rico em azoto total e fósforo e tinha um baixo teor de lenhina. O tratamento com bioinoculantes contribui assim potencialmente para transformar os resíduos em produtos de valor acrescentado num curto espaço de tempo.
Tempo.

Kale *et al* (1986) relataram que o uso de bolo de neem como aditivo alimentar para as minhocas contribui para o estabelecimento da microflora nas camas vermelhas. A adição de uma pequena quantidade de cal ao meio ácido de vermicompostagem leva a um aumento do pH.

Nagavallemma *et al.* (2004) referiram que a adição de pó de fosfato de rocha conduz a uma melhor vermicompostagem.

A adição de folhas de neem aumenta o número de fixadores de azoto no vermicomposto e aumenta a porosidade, restaurando assim as condições aeróbicas e reduzindo os problemas de odor nos vermihuts (Ravikumar *et al.*, 2009).

Gajalakshmi e Abbasi (2004) relataram que, ao contrário dos temores de que o neem - um forte nematicida - poderia não ser palatável para os anelídeos, as minhocas comeram vorazmente o composto de neem e converteram até 7% da alimentação por dia em vermicomposto. Kumar *et al* (2010) mostraram que a duração total da compostagem pode ser reduzida para 20 dias e que o processo de decomposição pode ser acelerado tratando os resíduos de cana-de-açúcar com inoculantes microbianos selecionados durante a fase de pré-compostagem e vermicompostando-os depois com a minhoca indígena *Drawida willsi*. O vermicomposto produzido desta forma é de melhor qualidade, o que é útil para manter elevados rendimentos das culturas, minimizando o esgotamento do solo e a eliminação de resíduos com valor acrescentado.

Parray, M. A. (2012) demonstrou que o desempenho da vermicompostagem de *E. eugeniae* numa mistura de folhas secas e estrume pode ser melhorado com o superalimento Spirulina e *Trichoderma*, enquanto o tratamento com açúcar de cana+leite de manteiga não apresentou diferenças significativas em comparação com os valores de controlo.

O papel tem um estatuto muito elevado na sociedade humana moderna, é um bem indispensável. É utilizado para uma grande variedade de fins na vida quotidiana. Uma enorme quantidade de
O papel é produzido em todo o mundo e a procura está a aumentar com o crescimento da população e a alteração dos estilos de vida. Por conseguinte, a indústria do papel também

está a crescer e a expandir-se. O crescimento da indústria está associado a uma quantidade crescente de águas residuais e lamas, bem como a uma crescente poluição ambiental. As lamas das fábricas de papel, incluindo as lamas das estações de tratamento de águas residuais, são eliminadas em aterros. Os resíduos de papel também não são devidamente tratados, sendo deitados fora ou incinerados juntamente com outros resíduos. Apenas uma quantidade limitada de resíduos de papel é enviada para a indústria para reutilização na produção de papel.

Os ensaios anteriores sobre compostagem e vermicompostagem de resíduos de papel foram encorajadores, mas existem ainda alguns obstáculos à criação de instalações de vermicompostagem para resíduos de papel. Por conseguinte, decidiu-se efetuar este estudo.

Leite de manteiga: Foram efectuados alguns estudos para determinar a influência do leite de manteiga no processo de vermicompostagem. A sua influência é atribuída à estimulação de microorganismos como os *lactobacilos*. Ravikumar *et al* (2009) realizaram um estudo e descobriram que a adição de leitelho de açúcar mascavado durante a pré-compostagem não teve qualquer efeito na vermicompostagem, mas no nosso estudo, a adição durante a pré-compostagem teve um efeito positivo no processo de vermicompostagem.

Trichoderma: As espécies de Trichoderma já foram utilizadas como um bioinoculante favorável numa série de estudos de vermicompostagem. É um fungo antagonista que restringe o crescimento de fungos nocivos e patogénicos no solo. Durante o processo de vermicompostagem, a sua adição inibe o crescimento da microflora nociva e provoca a produção de celulose, hemicelulose e enzimas de degradação da lenhina durante o processo de pré-decomposição, o que pode acelerar o processo de decomposição. Rasal *et al* (1988) registaram uma rápida degradação dos resíduos de cana-de-açúcar com uma mistura de fungos celulolíticos: *Trichoderma viride, Trichurus spiralis, Paecelomyces fusisporus* e *Aspergillus*

Os basidiomicetos são os degradadores de lignina mais conhecidos, e *o Pleurotus sajorcaju* tem diferentes actividades enzimáticas, enquanto *o Trichoderma* e *o Aspergillus* podem degradar a hemicelulose e a celulose, respetivamente (Buswell e Chang, 1994; Milala *et al., 2009).* Rasal *et al.* (1988) relataram a rápida degradação de resíduos de cana-de-açúcar com uma mistura de fungos celulolíticos - *Trichoderma viride, Trichurus spiralis, Paecelomyces fusisporus* e *Aspergillus* sp. juntamente com bactérias fixadoras de azoto *Azotobacter* sp.

Vermiwash: Nunca foi utilizado como estimulante para a vermicompostagem. É uma fonte rica de enzimas hidrolíticas e acredita-se que ajuda as minhocas a decompor todos os tipos de substratos, mata seletivamente os microrganismos nocivos e favorece os benéficos (Pramanik e Chung, 2011). Por conseguinte, decidiu-se utilizá-lo como aditivo, uma vez que pode contribuir para a biodegradação de componentes complexos dos resíduos de papel.

No nosso estudo, os meios de substrato tratados *com Trichoderma* apresentaram os valores mais elevados de todos os parâmetros analisados. Estes resultados são consistentes com o trabalho dos cientistas acima mencionados

Uma mistura de dois meios de substrato tratados com três inoculantes selecionados foi mantida em recipientes de plástico separados durante um período de pré-decomposição de 15 dias, seguido da introdução de 25 vermes clitelados adultos. A cultura foi mantida durante 60 dias e, em seguida, o número e o peso das minhocas adultas, dos juvenis, das minhocas bebés e dos casulos foram registados e os parâmetros de crescimento e fecundidade (variação percentual da biomassa, crescimento percentual da população e grau de compostagem) foram calculados. Verificou-se que todos estes parâmetros eram mais elevados no meio tratado com *Trichoderma*, seguido de vermiwash e jaggery+buttermilk e os valores mais baixos foram registados em Controlo.

A fim de mostrar o efeito global, foi utilizado um sistema de pontuação percentual. Os valores de todos os parâmetros foram somados para obter um valor final. Como o melhor índice tem um valor de 100 percentis, foram calculados os valores de percentil das outras amostras, por esta ordem:

Substrato tratado com Trichoderma > Substrato tratado com Vermiwash > Substrato tratado com jaggery e leitelho > controlo (não tratado).

Capítulo 6 RESUMO

As minhocas têm um potencial dinâmico e podem desempenhar tarefas maravilhosas para a sociedade humana e o ambiente. A sua capacidade de estabilizar

A produção de resíduos orgânicos com um rendimento de produtos finais úteis (vermicomposto) e a conservação do ambiente foram demonstradas. thA Índia ocupa o 15º lugar no mundo em termos de indústria de papel, com um lucro anual de 5 milhões de dólares para o governo. Aproximadamente 23,4% das lamas residuais são geradas por unidade de papel produzido. O papel, sob várias formas, é amplamente utilizado pelas pessoas, e os resíduos de papel e as aparas de papel (resíduos de papel) não são eliminados corretamente. As lamas das fábricas de papel e os resíduos de papel, juntamente com outros resíduos de origem humana (RSU), são normalmente depositados em aterros ou incinerados, aumentando a poluição, as alterações climáticas e o aquecimento global. A procura de papel está a aumentar à medida que

população, a melhoria dos padrões de vida e a alteração dos estilos de vida. O crescimento industrial é necessário para satisfazer esta procura, e mais crescimento significa mais aterros e mais poluição. A necessidade de processar esses resíduos de forma segura e económica é a necessidade do momento.

As lamas das fábricas de papel e os resíduos de papel são difíceis de reciclar porque são extremamente estáveis e os seus principais componentes, os polissacáridos estruturais como a celulose, a hemicelulose e a lenhina, só lentamente são biodegradáveis. Dois factores, o baixo teor de azoto das lamas e a falta de microrganismos celulolíticos, dificultam a biodegradação dos resíduos de papel. Ambos os problemas poderiam ser resolvidos misturando estes resíduos com alguns materiais ricos em azoto que actuam como inoculante natural para as comunidades microbianas e equilibram a composição de nutrientes para a sobrevivência das minhocas (vermicompostagem). Embora os microrganismos sejam os principais responsáveis pela degradação bioquímica da matéria orgânica tanto na compostagem como na vermicompostagem, as minhocas também desempenham um papel importante na vermicompostagem, aumentando a atividade e a diversidade microbianas, o que resulta numa rápida degradação dos resíduos e na recuperação de nutrientes.

Foram efectuadas várias tentativas para investigar a biotransformação de lamas de papel e de resíduos de papel através da compostagem e da vermicompostagem. A maioria dos investigadores misturou estes resíduos com uma grande quantidade de estrume de gado para equilibrar o teor de nutrientes e a relação C/N do meio. Foram feitas tentativas para misturar uma variedade de outros materiais com lamas de papel, incluindo levedura de cerveja usada, chorume de suínos, estrume de aves e lamas de depuração. Num dos estudos, uma mistura de folhas de manga, estrume e serradura (4:4:2) foi misturada numa proporção de 75:25 com lamas de papel para vermicompostagem. Na maioria dos estudos, assumiu-se que a adição de resíduos ricos em azoto também

O vermicompostor, por sua vez, forneceu os microrganismos necessários para a degradação de componentes complexos, e apenas em alguns estudos foram adicionados bio-inoculantes separadamente, de preferência na fase de pré-apodrecimento. Isto não só ajudou a encurtar o tempo de pré-apodrecimento, mas também acelerou o processo de vermicompostagem. Diversas espécies de minhocas, incluindo minhocas anécicas e epoécicas, foram testadas por diferentes investigadores, mas em estudos comparativos as minhocas epoécicas, especialmente *Eidrilus eugeniae* e *Eisenia fetida*, demonstraram ser adequadas para este fim. A maior parte dos investigadores utilizou nos seus estudos as lamas das fábricas de papel e apenas alguns investigadores se debruçaram sobre a vermicompostagem de resíduos de papel, nomeadamente como componente dos resíduos domésticos. Os resultados destes estudos são encorajadores e mostram que é possível processar resíduos de fábricas de papel e resíduos de papel por vermicompostagem. No entanto, não foi possível propor um meio normalizado e satisfatório nem uma metodologia simples e adequada para a vermicompostagem de resíduos de papel.

Por conseguinte, o presente estudo foi realizado com o objetivo de encontrar um método simples e adequado para a vermicompostagem de resíduos de papel utilizando a minhoca epígea altamente eficiente *E. eugeniae* e incluindo alguns aditivos bioinoculantes.

A fim de realizar este estudo com êxito, considerou-se necessário estabelecer uma cultura-mãe de *E. eugeniae* no departamento. Para o efeito, foram preparados canteiros vermi separados para a cultura em massa de *Eudrilus eugeniae*, utilizando estrume de gado com dez dias de idade. A cultura foi constantemente monitorizada durante o período de estudo, sendo a água pulverizada de tempos a tempos para manter um teor de humidade de 60 a 70 %.

Antes de iniciar o trabalho efetivo de compostagem de resíduos de papel, considerou-se necessário investigar o ciclo de vida de *E. eugeniae*. Verificou-se que, em eco-
Nas condições climatéricas de Gwalior, o ciclo de vida foi completado em 45 dias, ao passo que, segundo os trabalhadores anteriores, demorava cerca de 55 dias.

Como vários autores já estabeleceram que o estrume é o melhor alimento para as minhocas vermicompostoras, incluindo *a E. eugeniae*, decidiu-se misturar papel picado com estrume de gado e testá-lo em recipientes de plástico. Para encontrar um rácio favorável, os dois materiais foram misturados em diferentes proporções, um certo número de minhocas adultas foi libertado após um período de pré-compostagem de 15 dias e as culturas foram mantidas durante um mês. O número de minhocas, incluindo adultos, juvenis, pequenas minhocas e casulos não eclodidos, foi então contado. Embora tenha sido relatado anteriormente que mais de uma minhoca jovem pode eclodir de um casulo, para o presente estudo um casulo foi considerado como uma única minhoca, pois também foi relatado que 15-30% dos casulos podem não eclodir. O índice de bio-número foi calculado através da soma de todos os números. O índice de bio-número foi utilizado para avaliar o desempenho do meio de resíduos. O papel picado, por si só, não era adequado para a cultura de minhocas, uma vez que o seu índice de bio-número era mínimo. Este encontrava-se mesmo no intervalo negativo (inferior ao número original de minhocas). O índice de biocontagens mais elevado foi observado com estrume como meio de cultura, seguido de uma proporção de 1:1 de estrume e papel picado. Quando o rácio de papel foi aumentado para 1:2 e 1:3, o índice de contagem biológica diminuiu em conformidade. Além disso, verificou-se que o índice de bio-número aumentou quando a proporção de estrume foi aumentada para 2:1 e 3:1, de modo que a percentagem de papel foi reduzida. Estes resultados mostram claramente que o estrume é o melhor alimento para as minhocas e que a proporção de estrume para papel (1:1) é adequada para outras experiências sobre a influência de alguns tipos de bio e bioetanol.Inoculantes.

O principal objetivo do presente estudo foi reciclar os resíduos de papel através da vermicompostagem. Uma vez que o papel contém apenas uma quantidade insignificante de nutrientes azotados, mas é rico em polissacáridos complexos carbonados, decidiu-se misturá-lo com estrume de gado, um alimento adequado para as minhocas. No entanto, este (tal como o estrume de gado) não é muito adequado para a compostagem de minhocas. Isto parece dever-se aos componentes complicados ou pouco degradáveis, como a celulose, a hemicelulose e a lignina. As enzimas hidrolíticas em questão não são produzidas no sistema digestivo das minhocas e dependem de bactérias adequadas para o seu processamento. Por isso, decidiu-se investigar a influência de alguns bioinoculantes adicionais para melhorar o processo de vermicompostagem. Para o efeito, foram selecionados três aditivos, incluindo o açúcar de cana + leitelho, o vermiwash e *o Trichoderma harzianum.*

Foi realizada uma experiência de escolha livre para determinar a preferência das minhocas por uma mistura de resíduos tratada com três aditivos selecionados. Após um período de pré-decomposição de quinze dias, 100 minhocas adultas foram libertadas como um conjunto comum e, após um novo período experimental de 15 dias, foi determinado o número de minhocas em cada um dos meios. Descobriu-se que a maioria das minhocas (35%) estava no meio tratado com *Trichoderma*, seguido pelo meio tratado com vermífugo (28%) e pelo meio tratado com açúcar de cana + leitelho (21%). O menor número de minhocas (17%) foi encontrado no grupo de controlo, ou seja, no meio que não foi tratado com um aditivo. Assim, parece que os três aditivos podem ser úteis na vermicompostagem de resíduos de papel.

Foi efectuado um ensaio pormenorizado de compostagem de minhocas para analisar o

Utilidade de aditivos na bioestabilização de resíduos de papel misturados com estrume de gado.

Uma mistura de dois meios de substrato tratados com três inoculantes selecionados foi

foram mantidos em recipientes de plástico separados durante um período de pré-decomposição de 15 dias, seguido da introdução de 25 minhocas cliteladas adultas. Após 60 dias, foram registados o número e o peso das minhocas adultas, dos juvenis, das minhocas bebés e dos casulos, e foram calculados os parâmetros de crescimento e fecundidade (alteração percentual da biomassa, crescimento percentual da população e grau de compostagem) e os parâmetros físico-químicos. Verificou-se que todos estes parâmetros eram mais elevados no meio tratado com *Trichoderma*, seguido de vermiwash e jaggery+buttermilk e os valores mais baixos foram encontrados no controlo.

A fim de mostrar o efeito global, foi utilizado um sistema de pontuação percentual. Os valores de todos os parâmetros foram somados para obter um valor final. Como o melhor índice tem um valor de 100 percentis, foram calculados os valores de percentil das outras amostras, pela seguinte ordem:

Substrato tratado com *Trichoderma* > substrato tratado com Vermiwash > substrato tratado com jaggery+buttermilk > controlo (sem tratamento).

A qualidade do vermicomposto foi avaliada através da determinação de vários parâmetros, tais como N, P, K, pH e condutividade eléctrica. Após a análise destes parâmetros, verificou-se que o vermicomposto tratado *com Trichoderma* apresentou um aumento significativo na percentagem de azoto. Outros meios tratados também mostraram um aumento na percentagem de N, P e K, mas os valores estavam no mesmo intervalo que o controlo (não tratado).

No presente estudo, foi utilizada apenas uma concentração dos aditivos e não foram testadas combinações de aditivos. São necessários mais estudos a este respeito.

A conclusão deste estudo é que os resíduos de papel são um bom material para a alimentação e reprodução de *Eudrilus eugeniae* e que a utilização de aditivos pode promover o processo de decomposição, tornando este material adequado para a sobrevivência das minhocas.

Referências

Agrawal, D. e Agrawal, O. P. (2009). [st]Um estudo sobre a biodiversidade de minhocas em Gwalior e arredores Proc. de 1 NSEEEA-I pp 17-26. Inter. Book Distributing Co, Lucknow.

Agrawal, O. P. e Agrawal, D. (2006). A tecnologia dos vermes pode tratar dos nossos resíduos e resolver muitos dos nossos problemas. Reader's Guide for the "Holiday Training Programme on Bioresources for School Children", 15 de maio - 15 de junho de 2006, Escola de Estudos Zoológicos, Universidade de Jiwaji, Gwalior, pp. 117-128.

Agrawal, O. P. (2005). Prática de vermicompostagem - conversão de resíduos em ouro. *STTP WAMR,* PP. 188-196.

Agrawal, O. P. (2008). A importância das minhocas no passado, no presente e no futuro. Actas do primeiro simpósio nacional sobre Ecologia e Ambiente de minhocas (*NSEEE-I*), Universidade MJP Rohilkhand, Bareilly.

Aira, M., Monroy, F. e Dominguez, J. (2006). *Eisenia fetida* (Oligochaeta, Lumbricidae) Lerch, R. N., Barbarick, K. A., Sommers, V. e Westfall, D. G. (1992). Sewage sludge proteins as labile carbon and nitrogen sources. *Soil Science Society of America Journal,* **56:** 1470-1476.

Albanell, E., Plaixats, Carbrero, T. (1988) Alterações químicas durante a vermicompostagem (*Eisenia fetida*) de estrume de ovelha misturado com resíduos industriais de algodão. *Biologia e Fertilidade dos Solos,* **6:** 266-269.

Anónimo (1998). Título do trabalho ou artigo Council for Advancement of People's Action and Rural Technology (CAPART).

Anstett, M. (1951). Sobre a ativação microbiológica dos processos de humificação. *C R Agric Fr*, **37:** 262 - 264.

Aranda, E., Barois, I., Arellano, S., Irisson, S., Salazar, T., Rodriguez, V. e Patron, J. C. (1999). Vermicompostagem nos trópicos, pp. 253-287. em P. Lavelle, L. Brussaard e P. Hendrix, eds. Earthworm Management in Tropical Agroecosystems. CAB International.

Aveyard, J. (1988). Degradação do solo: Mudança de atitudes - porquê? *Journal of Soil Conservation,* New South Wales, **44:** 46-51.

Banu R. J., Logakanthi, S. e Vijayalakshmi G. S. (2001). Biogestão de resíduos agrícolas utilizando uma minhoca indígena (*Lampito mauritii*) e duas exóticas (*Eudrilus euginae* e *Eisenia fetida*). *Jornal de Biologia Ambiental*, **22(3):** 181-185.

Barrett, T. J. (1959). *Harnessing the Earthworm.* Boston: Wedgewood Press.

Baruah, T.C. e Brathakur, H.P., 1997, *A Textbook of Soil Analysis.* Vikas Publishing House Pvt. Ltd. 1-334.

Benitez, E., Nogales, R., Elvira, C., Masciandaro, G. e Ceccanti, B. (1999). Actividades enzimáticas como indicadores de estabilização de lamas de depuração compostadas com *Eisenia foetida. Bioresource Technology*, **67:** 297-303.

Beyer, V. Schulten, H. R. Fruend, R. e Irmler, U. (1993). ^{13}Formação e propriedades da matéria orgânica num solo florestal determinadas pela atividade biológica, análise química por via húmida, espetroscopia CPMAS C-NMR e espetrometria de massa de ionização em campo de pirólise. *Soil Biology and Biochemistry*, **25:** 587-596.

Bhawalkar, U.S. (1994). Converting waste into resources (Converter resíduos em recursos). *Boletim Informativo do ILEIA,* **10:** 2021.

Bhawalker, S., 1989. Vermiculture promising source of biofertilizer - National Seminar on Agricultural Biotechnology (Gujrat Agricultural University Navasari) 7-8 de março de 1989.

Bisht, S. P. S., Praveen, B., Rajesh, Y. e Sahoo, S. (2010). Bioconversão de lamas da indústria integrada de pasta e papel. *Jornal Internacional de Farmácia e Biociências,* **V1 (2):** 2010.

Bouche, M. B. (1977). Lombriciennes strategies. In: Lohm, U., Persson, T. (Eds.), Soil Organisms as Components of Ecosystems. Proc. 6th Int. Coll. Soil Zool. Ecol. Bull, Estocolmo, pp. 122 - 132.

Businelli, M., Perucci, P., Patumi, M., e Giusquiani, P. L. (1984). Composição química e atividade enzimática de algumas espécies fecais de minhocas. *Plant Soil,* **80:** 41722.

Buswell, J. A. e Chang, S. T. (1994). Biomassa e produção de enzimas hidrolíticas extracelulares de seis espécies de fungos cultivadas em resíduos de soja. *Biotecnologia Cartas,* **16:** 1317-1322.

Butt, K. R. (1991). The effects of temperature on the intensive production of *Lumbricus terrestris* (Oligochaeta: Lumbricidae). *Pedobiologia*, **35:** 257-264

Butt, K. R. (1993). Utilização de lamas sólidas da fábrica de papel e de levedura de cerveja usada como alimento para minhocas que vivem no solo. *Bioresource Techology*, **44:** 105-107.

Bwamiki, D. P., Zake, J. Y., Bekunda, K., Woomer, M. A, Bergstrom, P. L., Kirchman, L. H. (1998). Utilização de cascas de café como emenda orgânica para melhorar a fertilidade do solo na produção de bananas no Uganda. Carbon and nitrogen dynamics in natural and agricultural tropical ecosystem, *113-127.*

Canellas, L. P., Olivares, F., Okorokova, L. e Facanha, A. R. (2002). Isolados de ácidos húmicos de composto de minhoca promovem o alongamento radicular, o crescimento de raízes laterais e a atividade da H+-ATPase da membrana plasmática em raízes de milho. *J. Plant Physiol.* **130:** 1-7.

Chan, L. P. S. e Griffiths, D. A. (1988): A vermicompostagem de estrume de porco pré-tratado. *Biol Wastes,* **24:** 57-59.

Contreras-Ramos, S. M., Alvarez-Bernal, D. e Dendooven, L. (2006). *Eisenia fetida* melhora a remoção de hidrocarbonetos aromáticos policíclicos do solo. *Environmental Pollution,* **141:** 396-401.

Cooke, A. e Luxton, M. (1980).Effect of microbes on food selection by *Lumbricus terrestris. Rev. Ecol. Biol.* sol. **17:**365-370.

Crawford, J. H. (1983) Review of composting. *Process Biochem,* **18**:14- 15.

Darwin, C. (1881). The formation of vegetable moulds by the action of worms, with observations on their habitats. Murray, Londres, p. 326.

Dash, M. C., e Senapati, B. K. (1986). Vermitechnology, an option for organic waste management in India (Vermitecnologia, uma opção para a gestão de resíduos orgânicos na Índia). Em: Dash MC, Senapati BK, Mishra PC (Eds) *Verms and Vermicomposting*, Universidade de Sambalpur, Sambalpur, Orissa, Índia, 157 - 172.

Datar, M. T., Rao, M. N. e Reddy, S. (1997). Vermicompostagem: uma opção tecnológica

para a gestão de resíduos sólidos. *J. Solid Waste Technol. and Management,* **24:** 89-93.
Delgado, M., Bigeriego, M., Walter, I. e Calbo, R. (1995). Uso do verme vermelho da Califórnia no processamento de lodo de esgoto. *Turrialba,* **45:** 33-41.
Deolalikar. A.V. e Mitra, A. (1997a). Vermicompost of paper mill sludge: a potential low cost source of organic manure for primary production in aquaculture, in *procint bioethics worshop:Biomanagement of biogeoresourcces*,edited by j Azariah *et al*(University of Madras,Chennai) .
Deolalikar. A.V. e Mitra, A. (1997b). Application of paper mill solid waste vermicompost as organic manure in rohu (*Labeo rohita*, Hamilton) culture-A comparative study with other commercial organic manure, in *procint bioethics worshop:Biomanagement of biogeo resourcces*,edited by j Azariah *et al*(University of Madras, Chennai) .
Dominguez, J. e Edward, C. A. (1997).Efeito da taxa de lotação e do teor de humidade no crescimento e maturação de *Eisenia andrei* (Oligochaeta) em estrume de porco. *Soil Biol. Biochem.*,743-746.
Dominguez, J., Edwards, C. A. e Ashby, J. (2001). A biologia e a dinâmica populacional de *Eudrilus eugeniae* (Kinberg), (Oligochaeta) em resíduos sólidos de gado. *Pedobiologia,* **45:** 341-353.
Edwards, C. A. e Lofty, J. R. (1976). Biology of Earthworms. Bookworm Publishing Company, Crawfordsville, Índia. ISBN.0-916302-20-2.
Edwards, C. A. e Neuhauser, E. F. (1988). *Earthworms in Waste and Environmental Management,* SPB Acad. Publ., Haia, Países Baixos.
Edwards, C.A. (1985). Produção de alimentos para animais e proteínas a partir de resíduos animais por minhocas. *Phil. Trans. Roy. Soc. London,* **310:** 299 - 307.
Edwards, C.A. (1998). A utilização de minhocas na decomposição e gestão de resíduos orgânicos. Páginas 327-354 em Earthworm Ecology, C.A. Edwards (ed.). St Lucie Press, Boca Raton, FL, EUA.
Edwards, C. A. e Bohlen, P. J. (1996). Biology and Ecology of the Earthworm. (3ª ed.), Chapman and Hall, Londres. 426 pp.
Edwards, C.A. e Burrows, I. (1988). O potencial dos compostos de minhocas como meio de crescimento de plantas. In: Edwards, C.A., Neuhauser, S.P.B. (Eds.), Earthworms in Environmental and Waste Management. Publicação Académica B.V., Países Baixos, pp. 211-220.
Edwards, C.A. e Lofty, R. (1977). The biology of earthworms. 2ª ed. Chapman & Hall, Londres, Reino Unido.
Edwards, C. A., Dominguez, J., e Neuhauser, E. F. (1998). Crescimento e reprodução de *Perionyx excavates* (Perr.) (Megascolecidae) como factores na gestão de resíduos orgânicos. *Biologia e Fertilidade dos Solos,* **27:** 155 - 161.
Eijasackers, H. (1998). Earthworms in environmental research: still a promising tool. In: Earthworm Ecology (C. A. Edwards, ed.) pp.295-323.CRC Press, Países Baixos.
Elvira, C., Dominguez, J., Sampedro, L. e Mato, S. (1995). Vermicompostagem de a indústria da pasta de papel. *Biocycle,* **36:** 62-63.
Elvira, C., Goicoechea, M., Sampedro, L., Mato, S. e Nogales, R. (1996a). Bioconversão de lamas sólidas de fábricas de pasta de papel por minhocas. *Bioresource Technology,* **57:** 173-177.
Elvira, C., Sampedro, L., Dominguez, J. e Mato, S. (1996b). Vermicompostagem de lamas de depuração da indústria do papel com materiais ricos em azoto.*Soil. Biol.*

biochem. **29:** 759-762.

Elvira, C., Sampedrol, L., Benitez, E. e Nogales, R. (1998). Vermicompostagem de lamas de fábricas de papel e de fábricas de lacticínios com *Eisenia Andrei*: Um estudo à escala piloto. *Bioresource Technology.* **63:** 205-211.

Ferruzi, C. (1986). Manual de Lombricultura, Ed. Mundiprensa, Madrid (1986).

Flack, F. M. e Hartenstein, R. (1984). Crescimento da minhoca *Eisenia foetida* em microorganismos e celulose. *Soil Biol. Biochem.*, **16:** 491-495.

Fracchia, L., Dohrmann, A. B., Martinotti, M. G. e Tebbe, C. C. (2006). Diversidade bacteriana em composto acabado e vermicomposto: diferenças por análises independentes de cultivo de genes 16S rRNA amplificados por PCR. *Applied Microbiology Biotechnology*, **7:** 942-952.

Frederickson, J., Butt, K. R., Morris, R. M., e Denial, C. (1997). A combinação de vermicultura com sistemas tradicionais de compostagem de resíduos verdes. *Soil Biol. Biochem.* **29(3-4):** 725-730.

Gajalakshmi S., Ramasamy E.V. e Abbasi S.A. (2001a). Seleção de quatro espécies de minhocas detritívoras (formadoras de húmus) para a vermicompostagem sustentável de resíduos de papel. *Environ. Technol.*, **22:** 679-685.

Gajalakshmi, S. e Abbasi S.A. (2004). Folhas de Neem como fonte de fertilizante-cum-Composto de minhocas para pesticidas. *Bioresource Technology,* **92:** 291-296.

Gajalakshmi, S. e Abbasi, S. A. (2003). High rate vermicomposting systems for paper waste recycling. *Indian Journal of Biotechnology*, **2(4):** 613-615.

Gajalakshmi, S., Ramasamy, E.V. e Abbasi S.A. (2002).Vermicompostagem de diferentes formas de jacinto de água pela minhoca *Eudrilus eugeniae* Kinberg. *Bioresource Technology*, **82:** 165-169.

Gajalakshmi, S., Ramasamy, E. V., e Abbasi, S. A. (2001b). Towards maximising output from vermireactors fed with cowdung spiked paper waste. *Bioresource Technology* ,**79:** 67-71.

Garg, V. K., Gupta, R. e Yadav, A. (2006).Vermicomposting technology for solid waste management. Artigo *da Environmental-Expert* (revista em linha) disponível na seguinte hiperligação: http://www.Environmental-expart.com/resulteacharticle4.asp?codi= 9047.

Garg, V. K., Kaushik, P. e Dilbaghi, N. (2005).Vermiconversão de lamas de águas residuais de uma fábrica de têxteis contaminadas com lamas de uma central de biogás digeridas anaerobicamente utilizando *Eisenia foetida. Ecotoxicol. Environ. Saf.,* **65(3):** 412-419.

Garg, V. K. e Kaushik, P. (2005).Vermistabilização de lamas de fábricas têxteis com estrume de aves de capoeira pela minhoca epigeica *Eisenia fetida. Bioresource Technology*, **96:**1063-1071.

Ghatnekar S. D., Mahavash, F. K. e Ghatnegar, G. S. (1998). Management of solid waste through Vermiculture biotechnology, Ecotechnology for pollution control and Environmental Management. 58- 67.

Ghosh, C. (2004). Piscicultura integrada - uma opção alternativa para a reciclagem de RSU na Índia rural. *Bioresource Technology*, **93:** 71-5

Ghosh, M., Chattopadhyay, G. N. e Baral, K. (1999a). Transformation of phosphorus during vermicomposting. *Bioresource Technology,* **69:** 149-154.

Graff, O. (1982). Comparação das espécies de minhocas *Eisenia foetida* e *Eudrilus eugeniae* no que respeita à sua aptidão para a extração de proteínas de materiais residuais. *Pedobiologia,* **23:** 277-282.

Gratelly, P., Benitez, E., Elvira, C., Polo, A. e Nogales, R. (1996). Estabilização de lamas de uma fábrica de processamento de lacticínios por vermicompostagem. In: Rodriguez-Barrueco, C. (ed.), *Fertilisers and the Environment,* Kluwer, The Netherlands. 341-343.

Gunadi, B. e Edwards, C. A. (2003). O efeito da aplicação múltipla de diferentes resíduos orgânicos no crescimento, fecundidade e sobrevivência de *Eisenia foetida.Pedobiologia,* **47:**321-330.

Haimi, J. (1990). Crescimento e rejeição das minhocas *Eisenia andrei* e *E. foetida*, que vivem no composto. *Revue d' Ecologie et al. de Biologiedusol*, **27:** 415-421.

Haimi, J. e Huhta, V. (1986). Capacidade de vários resíduos orgânicos para suportar uma biomassa adequada de minhocas para vermicompostagem. *Biol. Fert. Soil,* **2:** 23-27.

Hand, P., Hayes, W. A., Satchell, J. E. e Frankland, J. C. (1988).The vermicomposting of cow slurry, 'Earthworms in waste and environmental management.' editado por Edward e Neuhauser.SPB Academic Publishing, Netherlands.ISBN.90-5103-017-7.

Hartenstein R, Neuhauser EF, Collier J (1980) Accumulation of heavy metals in the earthworm *E. foetida. J Environ Qual*, 9:23-26.

Hartenstein, R. (1978). O problema mais importante do tratamento de lamas do ponto de vista de um biólogo. In: Hartenstein, R. (ed.) Utilisation of soil organisms in sewage sludge management. Serviço Nacional de Inf. Inf. Serv., PB286932, Springfield, Virginia. 2-8.

Hartenstein, R. e Bisesi, M. S. (1988). Utilização da biotecnologia de minhocas para o tratamento de águas residuais da pecuária intensiva. *Perspectivas sobre Agricultura,* **18:** 72-76.

Hartenstein, R. e Hartenstein, F. (1981). Alterações físico-químicas em lamas activadas pela minhoca *Eisenia foetida. Journal of Environmental Quality*, **10:** 372-376.

Hartenstein, R., Neuhauser, E. F. e Kaplan, D. L. (1979): O potencial reprodutivo da minhoca *Eisenia fetida. Oecologia,* **43:** 329-340.

Ireland, M. P. (1983). Absorção de Metais Pesados em Minhocas. In: *Earthworm Ecology*. Chapman & Hall, Londres.

Barik, T., Samel, K. C., Panda, R. K., Nanda, S. e Mohapatra, S. C. (2002). Estudo da vermicompostagem de resíduos agrícolas e de cozinha.*J. Appl. Zool. Res.,***13:** 236237.

Ismail, S. A. (1997). Vermicolgy 'Biology of earthworms' Orient Longman Limited, Chennai, Índia. ISBN.81-250-10106.

Johnston, A.M., Janzen, H.H., Smith, E.G. (1995). Resposta do trigo de primavera a longo prazo à frequência da sementeira de verão e à alteração orgânica no sul de Alberta. *Canadian Journal of Plant Science,* **75 (2):** 347-354.

Julka, J. M. (1986). Earthworm resources of India Proc. Nat. Sem. Org. Utilização de resíduos, vermicompostagem, Parte B: vermes e vermicompostagem. Dash, R. C., Senapathi, B. K. e Mishra, P.C. (eds.). 1-7.

Kale, R. D., Mallesh, B. C., Bano, K. e Bagyaraj, D. J. (1992). Effect of vermicompost application on available macronutrients and selected microbial populations in paddy fields. *Soil Biol. Biochem.* **24:** 1317-1320.

Kale, R. D., Vinayaka, K. e Bagyaraj, D. J. (1986). Sustentabilidade da torta de neem como aditivo na alimentação de minhocas e sua influência no estabelecimento da microflora. *J. Soil Biol. Ecol.,* **6:** 98-103.

Kale, R. D. (2000). [th]Uma avaliação do processo vermitechnology para o tratamento de resíduos agro, açucareiro e de processamento de alimentos. *Programa de Apreciação Tecnológica sobre Avaliação de Abordagens Biotecnológicas para a Gestão de Resíduos* realizado em 26 de outubro de 2000. Associação Industrial - Navio do IIT, Madras, pp. 15-17.

Kale, R.D. e Bano, K. (1988). Cultivo de minhocas e técnicas de cultivo para a produção de vermicomposto. *Mys. J. Agri. Sci.* **22:** 339-344.

Kale, R.D. e Bano, K. (1991). Time and space relative population growth of *Eudrilus eugeniae*, In: *Advances in Management and Conservation of Soil Fauna*. Oxford e IBH, Nova Deli, pp. 657-664.

Kale, R.D., Bano, K. e Krishnamoorty, R.V. (1982). The potential of *Perionyx excavatus* to utilise organic waste. *Pedobiologia,* **23:** 419 -425.

Kaplan, D. L., Hartenstein, R., Neuhauser, E. F. e Malecki, M. R. (1980). Requisitos ambientais físico-químicos da minhoca *Eiseniafetida.Soil Biol. and Biochem.,* **12:** 347-352.

Kaur, A., Singh, J., Vig, A. P., Dhaliwal, S.S., Rup, P. J. (2010). Composting with and without *Eisenia fetida* to convert toxic paper mill sludge into soil conditioner. *Bioresource Technology*, **101:** 8192-8198.

Kavian, M. F. e Ghatnekar, S. D. (1991). Biogestão de efluentes de laticínios utilizando uma cultura de minhocas vermelhas *(Lumbricusrubellus).Indian J. Env. Prot.* **11:** 680-
682.

Kaviraj e Sharma, S. (2003). Management of municipal solid waste by vermicomposting using exotic and local earthworm species (Gestão de resíduos sólidos urbanos por vermicompostagem utilizando espécies exóticas e locais de minhocas). *Bioresource Technology*, **90:** 169-173.

Lacour P. (2005). Os mercados da pasta de papel e do papel na Europa. Preparado para a Comissão Económica das Nações Unidas para a Europa e a Organização das Nações Unidas para a Alimentação e a Agricultura. 26 de setembro.[th]

Lazcano, C. e Dominguez, J. (2011). O uso de vermicomposto na agricultura sustentável: efeitos no crescimento das plantas e na fertilidade do solo. *Soil Nutrients,* ISBN 978-1-61324-785-3.

Lazcano, C., Gomez-Brandon, M. e Dominguez, J. (2008). Comparação da eficácia da compostagem e da vermicompostagem para a estabilização biológica do estrume de bovinos. *Chemosphere,* **72:** 1013-1019.

Lee, K. E., (1992). Algumas tendências e oportunidades na investigação sobre minhocas ou: Os filhos de Darwin. O futuro da nossa disciplina. *Soil Biol. Biochem.* **24:**1765-1771.

Lee, K. E. (1985): Earthworms: Their Ecology and Relationships with Soil and Land Use. Academic Press, Sydney, p. 411.

Loehr, R. C., Martin, J. H., Neuhauser, E. F. e Malecki, M. R. (1984). Waste Management Using Earthworms-Engineering and Scientific Relationships, Relatório do Projeto ISP-8016764, National Science Foundation, Washington, D. C.

Loquet, M. Vinceslas, M. e Roulle, J. (1984). Atividade celulásica no intestino de *Eisenia foetida. Appl. Biochem. Biotechnol.*, **9:** 377.

Mainoo, N. O. K., Barrington, S., Whalen, J. K. e Sampedro, L. (2009). Vermicompostagem à escala piloto de resíduos de ananás utilizando minhocas de Accra, Gana. *Bioresource. Technology,* **100:** 5872-5875.

Manna, M. C., Jha, S., Ghosh, *P.* K., e Acharya, C. L. (2003). Comparative efficacy of three epigeic earthworms under different decomposition of deciduous forest litters. *Bioresource Technology,* **88:** 197 - 206.

Marche, T., Schnitzer, M., Dinel, H., Pare, T., Champagne, P., Schulten, H, R., Facey, G. (2003). Alterações químicas durante a compostagem de uma mistura de lamas de papel e serradura de madeira dura. *Geoderma*, **116:** 345-356.

Martin, D. L., e G. Gershuny, (1992). Eds. *The Rodale Book of Composting*, Rodale Press, Emmaus, PA.

Milala, M. A., Shehu, B. B., Zanna, H. e Omosioda, V. O. (2009). Degradação de resíduos agrícolas por celulase de *Aspergillus candidus. Asian J. Biotechnol*, **1:** 51-56.

Bergmann, R. (1991). Environmental Considerations and Information Needs Associated with an Increased Reliance on Recycled Fibre, In Focus 95+ Proceedings, TAPPI PRESS, Atlatnta, pp. 343-362. resíduos de moagem. Journal of Analytical and Applied Pyrolysis, **86:** 66-73.

Mitchell, A. (1997). Produção de *Eisenia fetida* e de vermicomposto a partir de estrume de bovinos de confinamento. *Soil Bio.Biochem,* **29:** 763-766.

Mitchell, M. J., Hornor, S. G. e Abrams, B. I. (1980).Decomposição de lamas de depuração em leitos de secagem e o papel potencial da minhoca *Eisenia foetida.Journal of environmental quality*, **9:** 373-378.

Monte, M. C., Fuente, E., Blanco, A., Negro, C. (2009). Gestão de resíduos na produção de pasta e papel na União Europeia. *Gestão de Resíduos*, **29:** 293-308.

Moran, N. A. (2006). *Symbiosis. Curr. Biol,* 16: R867-R871. Odum EP. (1971). Fundamentals of Ecology (3ª ed.). W.B. Saunders: Philadelphia. 574.

Nagavallemma, K. P., Wani, S. P., Stephane, L., Padmaja, V. V., Vineela, C., Babu Rao, M. e Sahrawat, K. L. (2004). Vermicomposting: Recycling waste into valuable organic fertiliser. Global Theme on Agrecosystems Report No. 8. Patancheru 502 324, Andhra Pradesh, Índia: Instituto Internacional de Investigação Agrícola para os Trópicos Semi-Áridos. 20 páginas.

Nath, G., e Deb U. K. (2008).Vermicompostagem - uma técnica eficaz para a utilização de resíduos sólidos de fábricas de papel e para a adição de valor, IPPTA, **20(2):** 127-132,

Ndegwa P. M. e Thompson, S. S. (2001). Integração da compostagem e vermicompostagem no tratamento e bioconversão de lamas de depuração. *Bioresource Technology*, **76:** 107-112.

Ndegwa, P. M., Thompson, S. A. e Das, K. C. (2000). Effects of stocking density and feeding rate on vermicomposting of sewage sludge. *Bioresource Technology,* **71:** 5-12.

Neuhauser, E. F., Kaplan, D. L., Melecki, M. R. e Hartenstein, R. (1980). Materiais que suportam o ganho de peso da minhoca *Eisenia foetida* em sistemas de reciclagem de resíduos. *Agric. Wastes,* **2:** 43-60.

Neuhauser, E. F., Loehr, R. C. e Makecki, M. R. (1988). The potential of earthworms for sewage sludge management (O potencial das minhocas para a gestão de lamas de depuração). In: Edwards, C. A., Neuhauser, E. F. (Eds), Earthworm in waste and environmental management. SPB Academic Publishing, The Hugue, 9-20.

Orozco, S. H., Cegarra, J., Trujillo, L. M. e Roig, A. (1996). Vermicompostagem de polpa de café com a minhoca *Eisenia fetida*, efeitos sobre o conteúdo de C e N e disponibilidade de nutrientes. *Biologia e Fertilidade dos Solos*, **22:** 162-166.

Parrey, M. A. (2012). Influência estimuladora de alguns aditivos na vermicompostagem.

M. Phil. Dissertação. Universidade de Jiwaji, Gwalior, Madhya Pradesh, Índia.
Pascual, J. A., Moreno, V. T., Hernández, T. e García, T. (2002). Actividades persistentes da urease e da fosfatase imobilizadas e totais num solo modificado com resíduos orgânicos. *Bioresource Technology*, **82:** 73-78.
Piearce, T. G., Budd, T., Hayhoe, J. M., Sleep, D., Clasper, P. J. (2003). Minhocas em um local de remediação de solo tratado com lodo de fábrica de papel. *Pedobiologia,* **47(56):** 792-795.
Prabhu, S. R., Subramanian, P., Bidappa, C. C., Bopaiah, B. M. (1998). Perspectivas de melhoria da produtividade do coco através de tecnologias de vermicultura. *Indian Coconut J.*, **29:** 79-84.
Pramanik, P. e Chung, R. Y. (2011). Alterações na população fúngica da mistura de cinzas volantes e vinhaça durante a vermicompostagem por *Eudrilus eugeniae* e *Eisenia fetida*: Documentação das isozimas de celulase no vermicomposto. *Gestão de Resíduos*, **31(6):** 1169-1175.
Rasal, P. H., Kalbhor, H. B., Shingte, V. V. e Patil, P. L. (1988). Desenvolvimento de uma tecnologia rápida de compostagem e enriquecimento. In: Biofertilisers: Potentialities Problems, Sen, S.P. e P. Palit (Eds.). Plant Physiology Forum e Naya Prakash, Calcutá, Índia, 255-258.
Ravi Kumar, P., Jayaram, P. e Somashekhar, R. K. (2009). Avaliação do desempenho de diferentes modelos de compostagem para a gestão de resíduos sólidos orgânicos domésticos em áreas urbanas. *Clea Techn. Environ. Policy,* **11:** 473-483.
Reinecke, A. J. e Venter, J. M. (1987). Preferência pela humidade, crescimento e reprodução do verme do composto *Eisenia foetida* (Oligochaeta). Biol. Fert. Soils, **3:** 135-141.
Riggle, D. e Holmes, H. (1994). Novos herizons para a vermicultura comercial. *Biocycle,* **35 (10):** 58 - 62.
Ronald, E.G. e Donald, E.D. (1977). Earthworms for ecology and profit, Scientific Earthworm Farming" Bookworm Publishing Company, Ontário, Califórnia 1, ISBN 0-916302-05-9.
Rosset, P. e Benjamin, M. (1993). Two Steps Backward, One Step Forward Cuba's National Experiment with Organic Agriculture. Global Exchange, São Francisco, CA.
Satchell, J. E., e Martin, K. (1984). Phosphate activity in earthworm faeces, Soil Boil Biochem, **16:** 191-194.
Satchell, J. K. (1967). Lumbricidae. In: Soil Biology. (eda. Burges, A. e Raw, F.), Academic Press, Londres, Inglaterra. 259- 322.
Senapati, B. K. (1992). Vermibiotecnologia: Uma opção para a reciclagem de resíduos celulósicos na Índia. In: *New trends in biotechnology. (*Eds. SubbaRao, M. S., Balgopalan, C. e Ramakrishnan, S. V.). Oxford e IBH Publishing Co. Pvt. Ltd. pp. 347-358.
[15]Shi-wei, Z. e Fu-Zhen, H. (1991).A eficiência de absorção de azoto de fertilizantes químicos marcados com N na presença de estrume de minhoca (cast). 539-542. **in:** Advances in Management and Conservation of Soil fauna, G. K. Veeresh, D. Rajgopal, C. A. Viraktamath (eds.) Oxford and IBH Publishing Co. New Dehli, Bombay.
Singh, A. e Sharma, S. (2002). Composting of crop residues by treatment with microorganisms and subsequent vermicomposting. *Bioresource Technology*, **85:** pp. 107-111.

Singh, G., Sekhon, H. S. e Kaur, H. (2012). Efeito do estrume de curral, vermicomposto e nutrientes químicos no crescimento e rendimento do grão-de-bico. (*Cicer arietinum* L.) *International Journal of Agricultural Research*, **7(2):** 93-99.

Sinha, R. K., Chauhan, K., Valani, D., Chandran, V., Soni, B. K. e Patel, V. (2010). Minhocas: os soldados da humanidade não anunciados por Charles Darwin: Proteger e produtivo para as pessoas e o ambiente. *J. Environ. Protect,* **1:** 251-260.

Sinha, R. K., Herz, S., Bharambe, G. e Brahambhatt, A. (2009). Vermistabilização de lamas de depuração (biossólidos) por minhocas, transformando um potencial risco biológico a ser depositado em aterro num biofertilizante seguro, livre de agentes patogénicos e rico em nutrientes para as explorações agrícolas. *Waste Manage. Res.,* **28:** 872-881.

Sinha, R. K., Herat, S., Agarwal, S., Asadi, R. e Carretero, E. (2002). Vermiculture Technology for Environmental Management: Study of Action of Earthworms *Elsinia fetida, Eudrilus euginaeandPerionyx excavatus* on Biodegradation of Some Community Wastes in India and Australia. *The Environmentalist*, U.K. **22(2):** 261-268.

Sinha, R. K., Nair, J., Bharambe, G., Patil, S. e Bapat, P. S. (2008). "Vermiculture Revolution: A cost-effective and sustainable technology for management of municipal and industrial organic waste (solid and liquid) by earthworms with significantly low greenhouse gas emissions" [Revolução da Vermicultura: Uma tecnologia rentável e sustentável para a gestão de resíduos orgânicos municipais e industriais (sólidos e líquidos) por minhocas com emissões significativamente baixas de gases com efeito de estufa]. *Em J. I. Daven e R. N. Klein, Eds. Progress in Waste Management Research, NOVA Science Publishers, Hauppauge.* 159-227.

Slocum, K. (2002). Pathogen reduction in vermicomposting, *Worm Digest*, **23:** 27-28.

Srivastava, R. K. e Beohar, P.A. (2004). O vermicomposto como fertilizante orgânico - um bom substituto para os fertilizantes. *J. Curr. Sci.,* **5(1):** 141-143.

Suriyanarayanan, S., Mailappa, A. S., Jayakumar, D., Nanthakumar, K., Karthikeyan, K. e Balasubramania. (2010). Estudos sobre a caraterização e as oportunidades de reutilização de resíduos sólidos de uma indústria de papel recuperado. *Global Journal of Environmental Research*, **4 (1):** 18-22.

Suthar, S. (2006): Potencial de utilização de resíduos industriais de goma guar em vermicomposto Produção. *Bioresource Technology* , **97(18): 2474-2477.**

Suthar, S. (2007). Potencial de vermicompostagem de Perionyxsansibaricus (Perrier) em diferentes materiais residuais. *Bioresource Technology,* **98(6):** 1231-1237.

Tahir, T. A. e Hamid, F. S. (2012). Vermicompostagem de dois tipos de resíduos de coco usando *Eudrilus eugeniae*: Um estudo comparativo. *Revista Internacional de Reciclagem de Resíduos Orgânicos na Agricultura,* **1:**7.

Tan, K. A. (1996). Soil Sampling, preparation and Analysis, Nova Iorque, Marcel Decker Inc.

Theunissen, J., Ndakidemi, P. A. e Laubscher, C. P. (2010). O potencial do vermicomposto de resíduos vegetais no crescimento, no estado dos nutrientes e na produção de vegetais. *Inter J Physical Sci*, **5 (13):** 1964-1973.

Tomati, U., Galli, E., Passeti, L., Volterra, E. (1995). Bioremediação de efluentes de lagares de azeite por compostagem. *Waste Manage. Res.*, **13:** 509-518.

Tomlin, A. D. (1983). The earthworm bait market in North America, em Earthworm Ecology. *From Darwin to Vermiculture.* (ed. J.E. Satchell). Chapman & Hall, Londres. pp. 331- 338.

Tripathi, G. (2003). Vermiresource technology. Discovery Publishing House, Nova Deli. Índia.

Van Gestel, C. A. M., Ven-van Breemen, E. M. e Baerselman, R. (1992). Influência das condições ambientais no crescimento e reprodução da minhoca *Eisenia andrei* num substrato de solo artificial. *Pedobiologia.***36:** 109-120.

Venkateswaralu, B. (1995). Compostagem do decomposto. *Indian Soil*, 34 (5), 5-6. Vermicompostagem. *Biocycle,* **4:** 57-59.

Viljoen, S. A. e Reinecke, A. J. (1994). O ciclo de vida e a reprodução de *Eudrilus eugeniae* em condições ambientais controladas. *Hamb. Zool. Mus. Inst.*, **89:**149-157.

Viljoen, S. A., e Reinecke, A. R. (1989). Ciclo de vida da criatura nocturna africana, *Eudrilus eugeniae* (Oligochaeta). *S. Afr. J. Zool*, **24:** 27-32

Vinotha, S. P., Parthasarthi, K. e Ranganathan, L. S. (2000). A atividade elevada da fosfatase em impressões de amendoim tem maior probabilidade de ser de origem microbiana. *Current Sci*, **79**: 11581159.

Wani, S. P. e Lee, K. K. (1992). O papel dos biofertilizantes na produção de culturas de terras altas. In: *Fertilisers, organic manures, recyclable wastes and biofertilizers*, [Tandon HLS, ed.]. Nova Deli, Índia: Fertilizer Development and Consultation Organisation. S. 91-112.

Wani, S. P., Rupela, O. P. e Lee, K. K. (1995). Sustainable agriculture in the semi-arid tropics through biological nitrogen fixation in grain legumes. *Plant and Soil,* **174:** 29-49.

Yeates, G. W. (1981) Populações de nemátodos do solo deprimidas na presença de minhocas. *Pedobiologia*, **22:** 191-195.

Zink, T. A. e Allen, M. F. (1998). The Effects of Organic Amendments on the Restoration of a Disturbed coastal Sage Scrub Habitat. *Ecologia da Restauração*, **6 (1):** 52-58.

Índice

Printed by Books on Demand GmbH, Norderstedt / Germany